이동근의 배낭여행 세계 일주 ──

외뿔소처럼
혼자서 가라

'눈앞의 지금'을, '내가 서 있는 이 자리'를

소중히 여기며 자기답게 살아가자.

이동근 지음

바람은 바람대로 강물은 강물대로 이동근의 배낭여행 세계 일주

외뿔소처럼
혼자서 가라

지식공감 도서출판

본래부터 내 것은 없다. '나'라는 존재 역시 잠시 인연 따라 왔다 가는 무상無常한 존재인데, '내 것'이라고 붙잡고 집착執着할 것이 어디 있으랴!

모든 인연은 한번 모이면 반드시 사라지는 무상의 속성을 가진다. 내 소유물이란 것은 인연因緣 따라 잠시 나를 스쳐 갈 뿐이다. 나는 그것을 잠시 보관하면서 인연 따라 쓸 뿐이다. 세상의 모든 것들은 끊임없이 변화하면서 이 세상을 여행하는 것이다. 그 어떤 것도 이 여행길에서 마지막 목적지로 나에게 온 것은 없다. 모든 것은 인연 따라올 것은 오고 갈 것은 간다. 참된 부자는 욕심을 많이 놓아버린 사람이며, 소유가 많은 자가 아니라 스스로 만족滿足하는 사람, 만족이 많은 사람이다. 만족함을 아는 것, 지족知足이야말로 행복幸福의 지름길이다. 세상 모든 것은 마음心이 만든다.

가장 오래된 부처님 말씀 〈숫타니파타Sutta-Nipata〉에서는 수행자의 길은 혼자 가는 길이다. 홀로 있을 때 즐거움이 찾아온다고 했으며 수행자의 길은 무소의 뿔처럼 홀로 가거나 지혜로운 도반, 지혜로운 스승과 함께 가는 길이라고 했다. 어느 길이 더 좋거나 나쁜 것은 아니리라. 다만 자신의 인연 따라 자신의 길을 자기답게 가는 것이며 '남처럼, 누구처럼 사는 것'이 아니라 지금 여기에서 나답게 사는 것!!

나의 Motto인 Carpe Diem - Seize the day, Enjoy the present. 우리는 바로 '지금 여기Now&Here' 즉 '눈앞의 지금'을, '내가 서 있는 이 자리'를 소중히 여기며 자기답게 살아야 한다. 버킷 리스트Bucket List는 죽기 전에 꼭 해야 할 일이나 목표 목록을 말한다. 어릴 적 내 꿈이었던 '세계 일주'와 지금 하고 싶은 것 '히말라야 트레킹'. 해외여행 17년간 64개국, 5대륙 '주마간산 세계 일주 배낭여행'은 마쳤다. 수박 겉핥기식이었지만 에베레스트Everest 베이스캠프와 쿰부Khumbu 히말라야Himalaya 트레킹. 풍요의 여신 안나푸르나Annapurna 산군山群

걷기를 경험했다. 누구에게나 마음속에 담은 자신만의 공간, 가고 싶은 길이 있을 것이다. 길은 길로 통하고, 끝이 없는 길은 없다. 길은 떠나기 위해 있는 것이 아니라 돌아오기 위해 존재하는 것이다. 인생의 날 수는 내가 결정할 수 없지만 삶의 넓이와 깊이는 내 마음대로 결정할 수 있다.

머무르면 새로운 것을 만날 수 없고, 떠남이 길면 그것 또한 다른 일상이 되어 버린다. 머무름과 떠남이 잘 교차하는 그런 삶을 살고 싶었다. 시간적으로 유한한 우리의 삶을 풍요롭고 보다 농밀하게 사는 길은 공간의 확대 즉 여행을 많이 하는 것이라고 생각한다. 여행을 통한 배움은 꿀처럼 달다. 이 맛에 여행을 꿈꾸며 계획하고 지금껏 실행해 왔는지 모른다.

여행은
삶에 추억을 만든다는 것을
나 자신과 만나기 위해 떠나는 현실을 위한 준비라는 것을
여행이란
사랑하는 사람을 떠나는 것이 아니라
그 사람을 더 사랑하기 위해 떠나는 것임을
결국, 여행이란
자신의 길을 자기답게 살다 가는 것이다.

2017년 육순을 맞아
두 번째 세계 일주 배낭여행기 발간을 자축하며.
이동근 李東根

네팔
안나푸르나 Annapurna

#Round circuit trekking
2017. 3. 6 ~ 3. 24

NEPAL

안나푸르나

Annapurna
#Round circuit trekking

지구별에서 가장 경이롭고 장엄한 풍광을 지닌 히말라야^{Himalaya}. 눈^{Hima:雪} 들이 사는 곳^{Alaya} – 눈雪의 나라 히말라야. 네팔의 많은 트레킹 코스 중에서도 안나푸르나 산군을 따라 원ᵒ을 그리며 도는 250여 km의 '안나푸르나 어라운드^{Annapurna Around}'는 트레킹^{Trekking}의 여신으로 꼽힐 뿐만 아니라 빼어난 자연환경과 문화적 다양성을 갖춘 사람들의 삶을 들여다볼 수 있는 매력적인 트레킹 코스라고 해도 과언이 아니다. '풍요의 여신' 안나푸르나^{8,091m}는 지구에서 10번째로 높은 산이다. 주변에는 안나푸르나 2봉^{7,937m}, 3봉^{7,555m}, 4봉^{7,525m}, 안나푸르나 사우스^{7,219m}, 강가푸르나^{7,454m}, 닐기리^{7,061m} 등 7,000m급 봉우리들을 거느리고 있고, 네팔 국민의 성산聖山 마차푸차레^{6,997m}도 있다.

해발고도 5,416m의 고개 쏘롱 라^{Thorung La}를 넘어 심신의 한계에 도전하며 걷는 이 길은 트레커들에게는 걷고 싶어하는 길 로망이기도 하다. 작년 11월 에베레스트 베이스캠프 등 쿰부 히말라야 트레킹에서 보낸 날들의 그리운 기억이 지워지기 전에 올 초봄 다시 한 번 히말라야를 찾았다.

"내 안의 신이 당신의 신에게 인사합니다."

"나마스테^{Namaste}."

 2017년 3월 6일(월) | 제1일 |

중국남방항공 CZ338편으로 인천공항 14:45 출발, 광저우 17:45 도착. CZ3067편 광저우 19:10 출발, 카트만두 22:10 도착. 한국과 시차는 3:15. 1달짜리 비자visa fee 40$를 발급받고 입국장을 나서니 작년에 같이 히말라야 트레킹을 했던 가이드 쭘세가 마중 나와 있었다. 한국여행사의 사업 확장으로 현지인 사장직을 쭘세가 맡게 됨에 따라 이번 트레킹을 같이 할 수 없게 됨을 아쉬워하며 유능한 가이드 레쌈Resham Gurung을 소개시켜 주었다. 레쌈은 구룽족으로 네팔에서는 종족 명을 성씨姓氏로 쓰고 있는 것도 독특했다. 7살 딸과 3살 아들을 가진 젊은 가장 레쌈과 함께 한 네팔 안나푸르나 어라운드 트레킹은 이렇게 본격적으로 시작되었다. 1루피Rs는 11원.

🖋 2017년 3월 7일(화) | 제2일 |

아침 7시 30분. 버스터미널에 택시300Rs편으로 도착, 8시 출발 베시사하르행 버스를430Rs 찾는데 버스는 터미널 내에 있지 않고 외부 외진 모퉁이에 주차되어 있었다.

기사가 터미널에서 손님을 데리고 자기 버스까지 오는 이상한 광경이다. 가이드가 없으면 제대로 버스조차 탈 수 없는 뒤죽박죽 엉망진창인데, 현지인들은 잘도 찾아다니고 시스템은 돌아가는 네팔스러운(?) 모습이었다.

　차내 깨진 유리창을 셀로판테이프로 덕지덕지 붙인 낡은 버스 편으로 카트만두를 출발. 시내 구간을 빠져나오는데 교통체증이 너무 심하다. 한 곳에서 일이십 분 꼼짝 않고 있어도 사람들은 그러려니 하고 있었다. 말로만 하이웨이 Highway인 왕복 1차선 너덜거리는 포장도로.

　구불구불한 트리슐리 Trisuli 강을 따라 산허리를 깎아 만든 아슬아슬한 길을 천천히 하염없이 달리니 둠레 Dumre가 나온다. 이곳은 포카라 Pokhara와 베시사하르 Besi Shahar가 갈리는 교통요충지. 마르샹디 Marsyangdi 강을 따라 편도 1차선 좁은 비포장도로를 따라 계속 올라가니 이번 트레킹의 기점 베시사하르 760m 마을이 나왔다.

　트레킹을 하기 위해서는 TIMS Trekker's Information Management System 카드와 ACAP Annapurna Conservation Area Project 트레킹 허가증이 필요한데, 현지 여행사를 통해 미리 만들어놓았기에 시간을 절약할 수 있었다.

　TIMS check post에서 트레킹 신고를 마치고, 로컬버스 150Rs로 올라갈 수 있는 마지막 마을인 나디 Ngadi:930m까지 오니 오후 6시가 다 되어가고 있었다. 롯지 Lodge에 여장을 풀고 마을을 어슬렁거리다 보니 좀처럼 포착하기 힘든 토종닭 우는 모습 전/후를 카메라에 담을 수 있었다.

🪶 2017년 3월 8일(수) | 제3일: 트레킹1일 |

트레킹 첫날이다. 나디 마을에는 수력발전소 건설이 한창이어서 이곳까지 길은 공사 트럭들이 다닐 정도로 넓었지만, 트레킹하면서 본 것으로 위로는 지프 차 한 대가 지나다닐 정도의 도로가 마낭^{3,540m}까지 연결되어 주민들에게 생필품 보급로가 되고 있었다. 바훈단다^{Bahundanda:1,310m}까지는 두 시간여 소요되었다.

계단식 밭과 계곡을 따라 이어지는 호젓한 숲길. 전형적인 산골 마을 풍광을 느긋하게 음미하며 따사로운 봄 햇살과 함께 걷기를 즐겼다. 예쁜 빨간 꽃을 카메라에 담으며 가이드 레쌈에게 물어보니 '달루빠데'라고 하는데, 네팔의 나라꽃 랄리구라스^{Laliguras}와 비슷하다고 한다.

걸무^{Ghermu:1,130m}와 자가트^{jagat:1,300m}에서는 구릉족 여인들 축제가 있었는데, 성장을 하고 삼삼오오 공회당으로 모여 그녀들만의 즐거운 시간을 보내는 모습이 나그네의 발길을 계속 붙잡고 있었다.

외뿔소처럼 혼자서 가라

참제^{Chyamche:1,430m} 조금 못미처 높이 202m의 폭포가 눈길을 끌었다. 콜라 khola는 '강의 지류'라는 뜻이지만, 절벽에서 떨어지는 물줄기도 '콜라'로 호칭되고 있었는데 이 높은 폭포는 '참제 콜라'로 불리고 있었다.

2017년 3월 9일(목) │ 제4일: 트레킹2일 │

참제^{1,430m}에서 탈^{Tal:1,700m}까지는 산허리를 깎아 만든 좁은 길이 연속되었는데, 4년 전 건립되었다는 위령탑은 절벽의 길 확보를 위해 희생된 군인 3명과 민간인 9인을 기리기 위한 것이었다.

호수라는 뜻을 가진 탈^{Tal} 마을은 한참 동안 가파른 계곡의 절벽 길을 올라선 후에 만나게 되는, 넓은 S자형 강이 그림처럼 펼쳐진 아름다운 곳이다.

케니게이트^{kheni gate}는 마을을 들어서는 대문으로, 그 마을을 가기 위해서는 천천히 그 밑을 통과해야 한다고 하는데, 케니게이트가 여행자의 지친 몸에 달라붙은 악귀를 떨쳐 낸다고 하여 나 역시 이번 트레킹 중 각 마을의 독특한 대문들을 통과했으니 아마 많은 악귀가 떨어져 나갔을 것이다. 또한, 각

외뿔소처럼 혼자서 가라

마을 길 중앙에는 기다란 벽이 있고 벽에는 '마니'라는 종이 연이어 달려 있었는데, '마니'에는 부처님의 진언 '옴마니밧메훔'이 새겨져 있고 '마니'를 한 번 돌리면 경전을 한 번 읽는 효과가 있다고 한다.

티베트 불교의 불탑 '초르텐Chorten'을 지날 때는 항상 초르텐을 오른쪽으로 두고 걸어야 한다. 나 또한 초르텐을 언제나 우측에 두고 걸었고, '마니'를 돌리며 관세음보살을 읊조리며 트레킹 만사형통을 기원했었다.

각 마을 집집 마다 지붕 위에는 긴 장대에 매달린 오색기도 깃발인 '룽다Lungda'가 펄럭이고 있었는데, 인간 세상과 천계를 경계 짓는 또 하나의 지평선 같았고, 인간과 절대자 사이를 연결시켜 주는 통로처럼 보였다.

카르테Karte:1,850m를 지나 다라파니Dharapani:1,860m에 들어서니 비가 내리기 시작한다. 오늘 계획은 티망Timang:2,270m까지 가는 것이었는데 빗줄기는 점차 거세어지고 시야도 좋지 않아 다나큐Danaque:2,300m에서 숙소를 정해 일찍 쉬기로 했다.

3월이 트레킹 비수기이기에 이번 트레킹 중 각 롯지마다 트레커들이 거의 없어 다이닝룸에서 각 나라 트레커들과의 교류 기회는 거의 없었다.

다나큐 롯지에서는 나 혼자 숙식하게 되어 주인 내외사우지/사우니와 함께 식사하며 락시Raksi까지 곁들여 굵은 빗줄기 속에 깊은 산 속에서의 밤을 이런저런 얘기로 가족같이 화기애애하게 보내었다.

락시는 쌀, 기장, 사과 등으로 빚은 네팔의 순수 곡주로 마치 고량주 같은 증류주인데 사과가 첨가된 락시가 내 입맛에는 맞았다.

2017년 3월 10일(금) | 제5일: 트레킹3일 |

다나큐에서부터는 안나푸르나 2봉^{7,937m}이 지척에 보인다고 하지만 아침부터 많은 눈이 내려 주위를 분간하기가 힘들다. 티망^{Timang:2,270m}을 거쳐 차메^{Chame:2,670m}까지 발이 푹푹 빠지는 눈길을 앞서 간 트레커의 발자국만 따라 숨 가쁘게 올랐다. 설경 좋은 곳에서는 한숨 돌리며 아무도 밟지 않은 순백의 산을 카메라에 가득 담았다.

차메는 람중 히말^{Lamjung Himal}의 중심 마을로서 노천온천도 있는 곳이지만 계속되는 눈 때문에 롯지^{Lodge}에 머물며 젖은 신발과 옷가지들을 말리고, 내일은 청명한 하늘을 볼 수 있기를 고대했다.

아침 눈 뜨자마자 창밖을 살폈다. 눈은 밤새 내리고, 계속 쌓이고 있었다. 차메에서 구입한 우의와 스패츠, 아이젠으로 무장하고 눈길을 나섰다.

이틀 동안 쌓인 눈은 50cm가 넘어 무릎까지 빠진다. 지프 차 1대 다니는 산길에 앞서간 선발 트레커의 발자국은 유일한 길이다. 잘못하면 낭떠러지로 떨어질 수도 있는 아슬아슬한 산길을 그저 발자국만 따라 묵묵히 올랐다. 브라탕Bhratang:2,850m, 디쿠르포카리Dhikur Pookhari:3,060m를 지나 피상Pisang:3,200m까지 눈길은 고행의 연속이었다.

브라탕에서 한국인 트레커들을 만났는데 놀랍게도 70대 초반의 할아버지 2

명과 할머니 2명이다. 네팔 음식이 맞지 않아 한국 음식만 먹어야 한다며 가이드/포터/쿡 포함하여 11명의 네팔리Nepali들을 움직이는 거의 원정대 수준의 팀이었다.

그들은 등산 스틱만 쥐고 가볍게 걷는 트레킹을 시도한다고 했지만, 이번 눈길은 그들에게도 결코 녹록지 않은 길이었다. 묵티나트3,760m까지 쏘롱 라5,416m를 넘어가는 향후 5일간의 일정이 나와 같았기에 숙련된 네팔 가이드들의 앞선 눈길 인도는 내 트레킹에 큰 도움이 되었다.

2017년 3월 12일(일) ┃ 제7일: 트레킹5일 ┃

피상에서는 어퍼피상Upper Pisang:3,300m, 갸루Ghyaru:3,670m, 나왈Nawal:3,660m을 거쳐 무지Mugje:3,330m까지의 트레킹 루트가 최고라고 소개되어 있었지만, 불행하게도 눈 때문에 지프 차가 다니는 도로를 선택할 수밖에 없다. 그나마도 앞사람 발자국만 쫓아가야 하는 처지라 경치 운운할 여지가 없는 것이다. 피상을 출발, 비행장이 있는 훔데Humde와 무지 마을을 거쳐 브라가Braga:3,360m를 지나 마낭Manang:3,540m까지 오로지 앞만 보고 올라왔다.

마낭은 고소적응 acclimatization 을 위해 하루 쉬어 가는 곳이다. 오랫동안 무역으로 번성해 온 마낭은 등산 장비점에서 인터넷 카페까지 트레커들이 필요로 할 모든 것을 갖추고 있는 곳이다.

나 역시 이번 트레킹 중 처음으로 와이파이를 이용, 카카오톡을 통해 가족과 사진을 주고받는 등 안부를 물을 수 있었다. Lodge WiFi 이용료 100Rs 얼마 멀지 않은 강가푸르나 Gangapurna: 7,454m 호수 Tal 까지 눈길을 개척하며 다녀왔는데 청명한 날씨 덕분에 안나푸르나 3봉 7,555m, 안나푸르나 4봉 7,525m이 손에 잡힐 듯 보인다.

롯지에서 그동안 눅눅했던 옷가지들을 햇볕에 말리며 모처럼 한가롭고 나른한 히말라야의 오후를 즐겼다. 롯지 지붕 위의 눈 녹아내리는 소리가 마치 비 오는 소리 같다. 삼 일 후면 이번 트레킹의 하이라이트 쏘롱 라 5,416m 를 넘어야 하는데 앞으로 제발 날씨가 좋았으면 하는 바람이다.

마낭을 떠나 군상Gunsang:3,900m, 야크카르카Yak kharka:4,018m까지 눈길을 올라왔다. 야크카르카란 이름은 고지대 야크Yak의 목초지란 뜻이다. 눈이 없었으면 광활한 초지에서 풀을 뜯고 있는 야크 떼를 볼 수 있었으련만 신은 공평하게도 눈밭을 올라오는 야크들 설경 사진을 나에게 선물했었다. 식물의 생장 한계선을 넘어선 레다르Ledar:4,200m까지 힘겹게 와서 롯지에서 지친 심신을 달래며 내일부터 있을 더 힘든 눈길 트레킹에 대비했다.

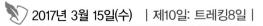

페디phedi는 '언덕의 발치'라는 뜻이란다. 이름 그대로 쏘롱 페디Thorung Phedi:4,450m는 해발고도 5,416m의 고개, 쏘롱 라의 발치에 엎드린 마을이다. 산사태 다발 지역을 힘겹게 걸어 통과하니 'Thanks'란 안내판이 반긴다.

무엇이 고맙다는 것일까?

아무 사고 없이 무사히 건너와 준 내가 고마운지?

아무 사고 없이 날 건너게 해 준 내 안의 신에게 고마운지?

풍요의 여신 안나푸르나Annapurna에게 감사하는 것인지?

아무튼, 나도 화답한다. You're welcome.

눈길 속에 마지막 힘을 내어 쏘롱 하이캠프Thorung highCamp:4925m까지 올랐다.
내일 새벽 최종 관문 통과를 위해 오늘 다시 한번 심신을 추슬러야 한다. 다
행스럽게도 고소증 없이 잘 올라왔었지만 역시 5,000m급에서는 숨 쉬는 것부
터 모든 것이 힘들다.

2017년 3월 16일(목) | 제11일: 트레킹9일 |

새벽 5시. 쏘롱 하이캠프를 출발, 세계에서 가장 큰 고개이자 높은 고개인
쏘롱 라5,416m를 향했다.
새벽바람은 매서웠고, 어두운 설산을 손전등에 의지한 채 절벽 길을 오르는
것은 모골이 송연하게 만드는 것이었다.
짜릿한 긴장감을 느끼며 걷기에 집중했었는데 소홀히 생각했던 장갑 부분에
문제가 생겼다. 두꺼운 장갑을 준비하지 않아서 얇은 장갑 두 겹으로 스틱을
쥐고 올라왔었는데 오른쪽 가운뎃손가락이 마비된 것이다.
동상이었다! 손가락 감각도 없고 딱딱한 나뭇가지 같다! 가이드 레쌈은 얼

른 내 손가락을 마사지해 주며 해동시켰다. 얼마 지나 웬만큼 움직일 수 있게
되자 내 사타구니에서 계속 체온으로 녹이라고 조언한다.

오른손을 바지 주머니에서 넣고 계속 녹이며, 눈길 산행은 계속되었다. 응급
조치가 끝나자, 레쌈은 자기 동계 장갑을 내게 끼워주며 손가락을 부단히 움직
이라고 한다.

아침 해가 뜨고도 길은 멀다. 길은 험하고, 역설적으로 험한 만큼 아름답다.
세상에서 가장 높은 고개 쏘롱 라^{Thorung La:5,416m}!

안나푸르나 어라운드^{Annapurna around} 최고 고도 쏘롱 라!

바람이 휙 지나갔다. 그 바람 속에 나도 우뚝 섰다. 쏘롱 라!!

타르초^{Tharchog}는 긴 줄에 직사각형 오색의 깃 폭을 이어 매단 만국기 같은
것으로, 거룩한 티벳 불교 경전/경문을 빼곡히 새겨놓은 깃발이다. 수많은 사
람이 걸어 놓은 타르초는 한마디로 쏘롱 라의 상징이다.

쏘롱 라 표지석에는 트레킹 성공 축하 인사와 함께 다시 보자는 영문이 새
겨져 있었다. 남은 내 인생에서 이 고개에 다시 설 수 있을까?

외뿔소처럼 혼자서 가라

안나푸르나

'See you again!' – 아마, 이건 지켜지지 못할 것 같다!

여러 겹의 타르초에 감겨 이 문구는 실제 거의 보이지 않았는데 내 마음 같았다. 수많은 타르초의 경문을 읽은 바람은 아래 계곡 쪽 묵티나트^{3,760m}로 내려갔다. 나 역시 내려가야 한다. 오르막이 있으면 내리막도 있는 법!

묵티나트^{Muktinath:3760m}까지는 눈길 내리막이 계속되었다.

눈길을 미끄러지듯 신들린 듯 내려가니 오후 3시에 묵티나트 숙소에 도착할 수 있었다.

시바–파르파티 사원은 힌두교 성지이자 불교사원이다. 인도에서는 매우 신성시하는, 힌두교도들이 평생에 꼭 한번 방문하고 싶어 하는 곳으로 108개의 수도꼭지 물에 몸을 적시는 정화의식을 염원하는 곳이다. 본당에서 조금 떨어진 곳에는 온화한 표정의 부처님이 히말라야 설산을 응시하고 계셨는데 힌두교와 불교의 공존에서 우리네 중생들도 미망을 깨뜨리고 무아를 찾는 지혜를 얻을 수 있을 것 같았다.

모처럼 제대로 된 호텔^{Hotel Grand}에서 에베레스트 맥주를 마시며 설산을 바

외뿔소처럼 혼자서 가라

라보노라니 그동안 고생했던 것이 주마등처럼 스쳐 간다.

이 호텔 레스토랑 이름은 티베트 어語로 샴발라shambala인데 평화스러운 곳 peaceful place이란다. 게다가 한국 음식도 있어 금상첨화였다. 애써준 가이드 레쌈과 함께 삼겹살에 에베레스트 맥주를 곁들여 자축하니 안도감과 함께 피곤함, 주취가 함께 몰려온다. 모처럼의 Hot shower에 금주에서 풀려나 마신 맥주가 더해져 어떻게 밤이 지났는지 모를 정도로 푹 잤다. 정말 오랜만의 숙면이었다.

🪶 2017년 3월 17일(금) | 제12일: 트레킹10일 |

배낭을 숙소에 놓고 종Jhong 마을까지 가벼운 트레킹을 시작했다. 묵티나트 반대편 계곡에 자리한 이곳에서 보는 설산 풍경은 색다른 멋이 있었다. 허물어질 듯한 높은 모래 언덕 위에 세워진 곰파Gompa는 옛날 이 지역 궁궐이 있던 곳에 세워진 거란다.

　　마치 외계 행성에 와 있는 듯한 묘한 황량함이 이 오래된 마을을 한층 신비롭게 만들고 있었고, 뒤에 보이는 설산 다울라기리Dhaulagiri:8,172m는 하얀 장벽으로 그 아름다움을 더하고 있었다.

　　지난 일주일 동안 트레킹 일정이 같아 나와 앞서거니 뒤서거니 했던 호주 브리즈번 출신의 사촌cousin지간인 Amy Robbins와 Bianca Young과 작별을 고했다. 그녀들은 가이드 2명/포터 2명을 대동하고 다녔었는데 오늘 로컬버스 편으로 카그베니Kagbeni:2800m로 간다.

　　나는 걸어서 카그베니로 가기 때문에 그녀들과 'say good-bye' 했었는데, 흙먼지 날리는 비포장 도로를 터덜터덜 내려가고 있는 나를 보고 버스 안에서 그녀들이 부른다. 카그베니까지 걸어가기에 이 넓은 도로는 너무 트레킹 길 같지 않기도 하고, 피곤한 몸으로 지나가는 버스를 바라보는 것도, 문명의 이기를 거부하는 것도 어려운 것이라 바로 버스에 올라탔다.

　　묵티나트에서 오후 2시에 출발한 버스였는데

그녀들은 카그베니에 내리고, 나는 좀솜Jomsom:2,720m까지 내려왔다. 오후 3시 20분, 좀솜에 도착. 차 한잔 하며 마르파Marpha:2,670m행 버스를 기다리다 16:20 좀솜 출발. 20여 분 소요되어 마르파에 도착. 오늘의 숙소를 찾아 일찍 여장을 풀었다.

네팔에서는 외국인 차등요금이 적용된다.

- 묵티나트-좀솜 구간 버스: 네팔인 200루피/외국인 600루피
- 좀솜-마르파 구간 버스: 네팔인 65루피/외국인 200루피

이와 같이 교통비뿐만 아니라 유적지 입장료 등도 마찬가지이다.

 2017년 3월 18일(토) | 제13일: 트레킹11일 |

마르파는 마을이 너무 예쁘다.

흰 벽 색칠과 넓고 얇은 보도블록이 깔린 길로 인해 유럽의 어느 오래된 마을에 온 듯한 착각이 들 정도로 이국적이다. 게다가 사과 과수원과 넓고 푸른 밭이 환상적인 이곳은 아마 네팔 시골 산골 마을 중 가장 아름다울 것 같다. 마을 가운데 있는 곰파Gompa 위에서 바라보는 전망은 최고였는데, 꽃들이 만개하고 보리가 익었을 때의 풍경은 상상 이상일 것 같다.

티벳 불교의 성자 '밀라레파'의 스승인 '마르파'의 고향 마을인 마르파^{Marpha}
를 뒤로 하고 아침 9시. 따토파니^{Tatopani:1190m}로 이동하기 위해 로컬버스 정류
장으로 나왔다. 그런데 1시간여를 기다려도 상하행 버스가 지나다니질 않는
다. 가이드 레쌈이 이리저리 알아보더니 오늘 지역파업으로 버스운행이 중단
되었단다. 덕분에 투쿠체^{Tukuche:2,590m}까지 칼리간다키^{Kali Gandaki} 강을 따라
천천히 걸어가며 주변 경관을 즐겼다. 그런데 마침 칼로파니로 가는 매우 귀한
지프 차^{사례비 600Rs 지급}가 있어, 얻어 타는 행운을 잡았다. 나의 짧은 트레킹은
투쿠체에서 멈췄다. 돌이켜보면 마르파-투쿠체 트레킹 구간은 매우 아름다운
추천할만한 구간이었다.

외뿔소처럼 혼자서 가라

칼로파니Kalopani/레테Lete 지역민들이 자기들 요구조건 관철을 위해 좀솜-
베니 간 도로 중심인 자기 마을 앞을 돌로 막고 통행을 금지시키고 있어 오늘
상하행 로컬버스가 운행되지 못하는 것이었는데…….

네팔에서의 파업strike!

사회기반시설이 열악하고 가뜩이나 못사는 나라에서 지역 이기주의를 위해
수시로 파업한다는 것은 이방인의 눈에는 암울한 네팔의 현실을 더 절망스럽
게 만드는 것으로 비춰고 있었다.

오후 5시. 오늘 파업은 풀고 내일 다시 06:00부터 17:00까지 파업한단다. 일
단 줄지어 대기하던 상하행 차량들의 발이 풀려 따토파니1,190m까지 내려가니
저녁 7시. 숙소에 배낭을 던지고 노천탕에 몸을 담그고 그간의 피로를 풀었다.
늦은 시간이라 온천물이 깨끗할 리 없지만 아쉬운 대로!!

안나푸르나

뜨거운 물이라는 뜻의 따토파니 ^{Tatopani} 마을.

아침 6시. 온천네팔인 50Rs/외국인 150Rs이 개장되자 마자 노천탕을 찾았다. 역시 깨끗한 뜨거운 온천수를 공급해 주었는데 이른 아침의 온천욕은 좋았다. 1시간여 온천욕을 즐기며 여독을 풀었는데 8시 출발 포카라행 버스 1,000Rs 때문에 더 이상 온천에서 빈둥거릴 수는 없었다.

따토파니 1,190m 에서 베니 830m 까지는 그리 멀지 않은 거리임에도 시간은 많이 걸렸다. 그럴 것이 산허리를 잘라 만든 1차선 허접한 비포장 절벽 길을 오르내린다는 것은 위험천만하기 그지없었다.

좀솜에서 베니까지 위험한 절벽 길의 연속이었는데 몰라서 로컬버스를 선택한 대가는 어쩌면 절벽에서 추락, 목숨과 맞바꿀 정도로 무모할 수 있었다. 좀솜-포카라 간 비행기는 편도 20분 정도 소요, 한화 십만 원도 안 되는데 낡고 오래된 로컬버스에 목숨을 건다는 것은 재고해 볼 만하다. 나야풀 Nayapul:1,070m 에 도착하니 오후 2시 30분.

비가 제법 많이 내린다. 애당초 계획은 나야풀에서 고레파니 Ghorepani: 2,860m, 푼힐 Poon Hill:3,193m 까지 1박 2일 트레킹을 하는 것이었는데 내일까지 비 예보도 있어 아쉽지만 트레킹은 포기하기로 했다.

이미 안나푸르나 어라운드 트레킹 11일을 마친 뒤이기에 큰 미련은 없었다. 오히려 그동안의 노고에 대한 배려 차원의 비로 인식하고 포카라에서 마음 편히 쉬기로 했다.

　　포카라^{Pokhara:820m}는 네팔 제2의 도시이자 대표적 휴양도시이다. 네팔에서 두 번째로 큰 호수인 페와^{Phewa} 호수는 수면에 비친 설산의 반영으로 인해 많은 사랑을 받고 있는 포카라 최고 명소이다.

　　인도와 카트만두의 지독한 매연과 대기오염에 지친 여행자들에게 포카라의 온난함과 깨끗함은 편안한 휴식처로 인식되기에 손색이 없다. 나도 이른 아침과 석양 무렵 페와 호수 풍경을 카메라에 담았는데 호수에 비친 반영은 아름다웠다. 다만 설산의 반영을 담지 못해 아쉽기는 하지만 여행자에게 스냅사진은 그 당시의 운이기도 하니 어쩔 수 없는 것이다.

　　패탈레창고^{Patale Chango}는 위에서 물이 떨어지는 다른 폭포와 달리 땅속으로 물이 꺼지는 구조로서, 침식에 의해 생긴 특이한 지형이라고 한다.

외뿔소처럼 혼자서 가라

1961년 스위스 여인 데비^{Devi}가 갑자기 불어난 물에 휩쓸려 죽은 이후 'Devi's fall'이라고도 불리는 곳이다. 이곳에서 호주 브리즈번 사촌 자매 에이미와 비앙카를 다시 만났는데 그녀들은 좀솜에서 비행기로 이동하여 포카라에서 쭉 쉬고 있었다.

굽테스와르 마하데브 Gupteshwor Mahadev 동굴은 힌두교 쉬바 신을 모신 곳으로 많은 힌두교도가 찾고 있었는데 내게는 별 감흥이 없는 곳이었다. 포카라에서 북쪽으로 10km 떨어진 곳에 있는 마헨드라 Mahendra 동굴은 그냥 그런 자연동굴인데 힌두교도들에게는 신성시 되고 있는 곳이었다. 사실 유적지 자체보다는 그곳까지 가는 과정이 어쩌면 여행이리라!

차창 밖으로 주변 풍광을 보며 현지인들 사는 모습을 물끄러미 보는 여유와 느긋함 속에도 여행이 녹아 있는지 모른다.

2017년 3월 21일(화) | 제16일 |

이른 아침을 먹고 사랑곳 Sarangkot:1,592m 에 올랐다. 숙소에서 제공해준 자가용 1,700Rs 으로 왕복했다. 전망대입장료 50Rs

페와 호수 북쪽에 위치한 히말라야 전망대 산인데, 네팔 국민의 성산聖山 마차푸차레 Machhapuchhre: 6,993m 와 안나푸르나 등 히말라야 연봉들을 잘 볼 수 있는 산인데 아쉽게도 오늘은 구름 때문에 제대로 보이질 않았다.

ANNAPURNA HIMALAYAN RANGE

그림엽서 사진으로 전망을 대신하고 숙소로 돌아와서 모처럼 낮잠도 자고 이리저리 한가로이 게으른 발걸음을 옮겼다.

아침 8시. 여행자 버스^{2인 2,400Rs} 편으로 카트만두로 향했다. 첫날 고물 로컬 버스^{430Rs}에 비하면 모든 면이 훌륭했지만 굳이 비교하자면 우리나라 중고버스 수준이었는데, 여하튼 네팔에서는 괜찮은 편이었다.

말로만 Highway인 포카라-카트만두 구간을 거의 8시간 반이나 걸려 타멜에 도착, 그동안 수고했던 가이드 레쌈에게 일찍 집으로 가서 아이들과 함께 하라며 넉넉지는 않았지만 적당한 수고비를 쥐여주었다.

작년 에베레스트 베이스캠프 트레킹 때 묵었던 무스탕 호텔^{2,000Rs}에 여장을 풀고, 역시 작년에 자주 들렀던 한식당 경복궁에서 김치찌개로 저녁을 하며 그리 짧지도 길지도 않았던 지난 여정들을 되돌아보았다.

2017년 3월 23일(목) | 제18일 |

카트만두 동쪽으로 35km 떨어져 있는 나갈곳^{Nagargot:2,190m}을 찾았다.

이곳은 카트만두 계곡 일대에서 가장 가까운 히말라야 전망대가 있는 곳이다. 랑탕, 마나슬루, 에베레스트 등 히말라야 설산들이 손에 잡힐 듯 가까이 보인다는 이곳 역시 오늘도 구름 때문에 뿌연 하늘만 보고 내려와야 했다.

카트만두에서 박타푸르^{Bhaktapur}까지 1시간여, 다시 버스를 갈아타고 1시간여를 올라왔지만 운이 없는지 히말라야는 진면목을 보여 주지 않았다. 하지만 실망할 필요는 없다. 작년 초겨울 눈부시도록 시린 히말라야 설산을 보름간 트레킹했었으니 여한은 없는 셈이다.

카트만두 타멜 여행자 거리로 다시 돌아와 한식집에서 레쌈과 이별 파티를 했다. 삼겹살에 네팔 럼주를 곁들여 그동안 서로 의지하며 같이 지낸 18일을 추억하며, 기회가 되면 다시 재회할 것을 약속했다.

밤 11시 15분. 중국남방항공 CZ3068편으로 카트만두 출발.

🪶 2017년 3월 24일(금) | 제19일 |

새벽 5시 45분. 중국 광저우 도착. 5시간의 지루한 대기 끝에 아침 10시 45분. 중국남방항공 CZ3061편으로 서울/인천행 출발.

오후 3시 15분. 인천공항에 무사히 도착했다. 입국장 밖으로 나오니 아들 성정이와 며느리 예원이, 손녀 가은이가 깜짝 마중 나와 있었다. 의도한 바는 아니었지만 인천에 나올 일이 있어 겸사겸사 이렇게 아빠를 모실 수 있었다는 아들의 말! 많은 눈에 반사된 자외선 때문에 새카맣게 타버린 내 얼굴에 화색이 도는 걸 아이들은 눈치채지 못했다. 사랑이란!

登机口信息
Gate Information 09:55

航班号 Flight	预计起飞 Departure	状态 Status
CZ3061	10:45	

首尔 Seoul(Incheon)

그저 가벼운 걷기 정도로 생각하며 호기롭게 시작했던 이번 트레킹은 호된 신고식과 홍역을 치른 후에야 막을 내릴 수 있었다. 3월에는 눈이 잘 내리지 않는다더니 안나푸르나 본격 트레킹에 돌입할 즈음 이틀간 엄청난 눈 폭탄 세 례를 받았다.

눈에 대한 대비도 없이 시작하였기에 현지에서 장비도 구입하고 매일 깊은 눈길을 걷느라 젖은 신발과 옷을 말리랴, 체온유지에 신경 쓰랴, 정신적 육체 적 고난의 연속이었다.

토롱 라 고개5,416m를 눈앞에 두고 오른쪽 중지 동상에 걸리질 않나! 눈에 반사된 자외선 때문에 얼굴은 온통 화상을 입어 며칠을 고생하질 않나! 풍요 의 여신 – 안나푸르나는 호락호락 넘어가 주질 않았다.

최초의 본격, 눈 산행이자 아마 마지막이 될 것 같은 이번 트레킹은 많은 것 을 느끼고 반성하게 해 주었다. 그동안 내 배낭여행의 주된 콘셉트Concept는 세계 자연유산과 세계 문화유산 탐방을 통한 자아실현이었다.

네팔의 세계 문화유산은 모두 8곳인데 그중 7곳이 수도인 카트만두 주변에 몰려있어 지난해 모두 방문2016. 11. 29 – 2016. 12. 2하여 둘러 보았었다. 나머지 한 곳은 부처님 탄생지인 룸비니Lumbini 불교 유적군인데 다음에 기회를 만들 어 방문해 볼 참이다.

장대한 히말라야가 북인도의 평원과 만나는 곳에 위치한 작은 마을 룸비니. '어머니 마야Maya 왕비가 룸비니 동산에서 무우수無憂樹 가지를 잡고 옆구리

로 석가모니 부처님을 낳으셨다.'는 부처님 탄생 이야기. 종교 언어는 상징이나 은유 등이 동원될 수밖에 없으며, 모든 종교의 성전聖典은 그것의 총집합체라고 해도 과언이 아니다.

따라서 문자 자체가 아니라 그 너머에 있는 의미가 무엇인지를 모색하는 것은 매우 중요하다. '옆구리에서 태어났다'는 것은 고대 인도라는 특수성에서 나온 표현이다. 출생 신분을 중요시하는 인도인은

사제인 바라문Brahman:브라만은 머리에서,

왕족인 크샤트리아Kshaytria는 옆구리에서,

평민인 바이샤Vaishay는 허벅지에서,

천민인 수드라Sudra는 발바닥에서 태어난다고 생각했다.

부처님의 탄생은 인도인의 오랜 믿음을 동원하여 그 출생 신분이 왕족임을 상징적으로 표현한 것이다. '부처님이 마야 부인의 옆구리에서 태어났다'고 말하고, '그의 신분이 왕족이다'라고 읽을 수 있는 것. 이것이 바로 문자 너머의 의미를 이해하는 인문학적 지성이다.

어느 종교를 막론하고 성전에 표현된 것은 그들이 사용한 언어와 시대, 특정 문화라는 상대성이 반영될 수밖에 없음을 우리는 직시해야 한다. 언어 이전에는 상형문자로 표현하고 소통해 왔다.

'사람이 그리는 무늬'를 연구한다 하여 인문학人文學이듯 인생의 행태를 그리는, 자기 안의 생각과 직관을 이끌어 내는 행위가 인문人文이고 이것은 곧 여행旅行과 일맥상통한다고 볼 수 있다.

Epilogue

"부처님은 태어나자마자 동서남북 사방으로 일곱 걸음을 걸으며 사자처럼 당당히 말씀하셨다.

天上天下 唯我獨尊 三界皆苦 我當安之
천상천하　유아독존　삼계개고　아당안지

하늘 위 하늘 아래
내 오직 존귀하나니
온통 괴로움에 휩싸인 삼계
내 마땅히 안온케 하리라

　이 내용은 부처님의 출현을 종교적으로 거룩하게 표현한 것이며, 세상에서 불성佛性을 지닌 인간과 생명은 그 자체로 모두 존귀하다는 뜻으로, 불교가 지향하는 목표를 분명히 보여주는 탄생 이야기이다. 세계를 바라보는 시선을 크게 보면 이원론과 연기론으로 구분된다. 먼저 이원론二元論을 보면, 인간과 세계를 둘로 바라본다. 여기서 세계는 존재存在하는 모든 것을 의미하며, 인간은 인식 주체이고 세계는 객관 대상이다. 이 둘은 보는 자와 보이는 대상으로서 각각 독립적이고 대립적이다. 이것이 전통적인 서구식 세계관이다.

　이원론은 모든 것을 대립적으로 보기에, 상대는 극복克服과 정복征服의 대상으로 존재하며 자연을 극복과 정복의 대상으로 여기다 보니 인간의 행복은 그것을 지배支配할 때 찾아온다고 생각한다. 오늘날 우리가 누리는 문명文明은 그러한 세계관의 결과라고 해도 과언이 아니다. 하지만 인간의 삶을 풍족하

게 한다는 명분하에 인간이 자연을 지배해 온 이원론으로 인해 자연과 생태계가 파괴되고 나아가 인류의 생존이 심각한 위협을 받는 지경에 이르렀다. 인간과 자연을 둘로 보는 한 생태계 파괴는 가속화될 것이고, 우리의 삶은 피폐해질 수밖에 없기에 새로운 대안적 세계관이 필요하다.

불교는 이원론이 아니라 하나인 세계관, 즉 연기론緣起論을 지향한다. 모든 것을 하나로 보는 세계관. 세계는 단순히 인간의 객관 대상으로서 존재하는 것이 아니라 나와 더불어 존재하는 것이다. 자연은 극복과 정복의 대상이 아니라 조화調和와 공존共存의 관계로 바라본다. 따라서 인류의 행복은 자연과 어떻게 조화를 이루는가에 따라 결정된다고 할 수 있다.

모든 존재는 시간적으로 더불어 존재하기에 서로는 서로가 존재하는 이유이자 근거가 된다. 너와 나, 나와 세계는 둘이 아니라 서로 하나이기에 생태계 파괴로 인류의 생존을 걱정해야 하는 오늘날 우리가 선택할 수 있는 유일한 대안代案이라고 할 수 있다.

존재하는 모든 것은 시간적인 관계 속에서 일어났다 소멸하는 연기적 과정에 있다. 이것이 있는 그대로 그저 여여如如하게 사는 모습이다. 삶은 무상無常하므로 지금이라는 시간은 다시는 돌아오지 않기에 지금 여기에서 그 순간순간을 최선을 다해 있는 그대로 살아가야 하는 것이다.

네팔-쿰부
히말라야Himalaya

#Khumbu #Everest Base Camp Trekking
2016. 11. 14 ~ 12. 3

히말라야

Himalaya
#Khumbu #Everest Base Camp Trekking

만년설의 히말라야^Himalaya 에베레스트^Mt.Everest:8,848m를 네팔인^Nepali은 '하늘의 머리'라는 사가르마타^Sagarmatha, 티베트인^Tibetan은 '대지의 여신'이라는 초모룽마^Chomolungma라고 부른다.

대지의 여신, 하늘의 머리, 어머니! 어떻게든 불러도 좋다. 무욕無慾의 산. 산 아래의 내가 산꼭대기의 나를 만나러 가는 길.

에베레스트 베이스캠프^5,364m 트레킹^trekking은 내 버킷리스트^bucket List 맨 위에 있었지만 이런저런 이유로 세계 일주 배낭여행 우선순위에서 매년 밀리고 있었다. 하지만 올해는 더 나이 들기 전에, 예순 되기 전에 실행에 옮기기로 하고 저렴한 항공권을 물색하다 보니 중국남방항공 왕복^인천-카트만두 46만 원짜리가 검색되어 출발 3달 전 티켓팅 해 버리고 말았다.

네팔 카트만두 현지여행사 '우리 집'을 통해 현지가이드 1명^US $35×16일과 공항 픽업, 국내선^카트만두-루크라 왕복 항공권 등을 일사천리로 예약하고 소풍을 앞둔 어린아이처럼 출국 일을 손꼽아 기다렸다.

🕊 2016년 11월 14일(월) | 제1일 |

중국남방항공 CZ340편으로 인천공항을 10시 55분 출발, 3시간여 비행 끝에 광저우에 도착했다. 역시 중국 남쪽 따뜻한 지방이라 그런지 기온이 섭씨 30도를 가리킨다. 공항대기 시간 5시간은 전형적인 저가 항공권의 의무(?)사항이기도 하다.

대한항공 직항을 타면 좋으련만 왕복 항공권 126만 원은 배낭여행자에게는 그림의 떡이다. 차액 80만 원으로 물가 저렴한 네팔에서는 2주간 히말라야 트레킹 비용을 충당할 수 있으니 국적기 직항의 편리함과 신속성을 배낭 여행자의 느긋함과 경제성으로 맞바꾼 셈이다.

저녁 7시. 광저우 출발, 밤 10시 네팔 카트만두 트리부반 국제공항에 도착했다. [한국과의 시차 3시간 15분] 인도와 시차 15분으로 인도와는 독립된 단일 시간대를 쓰는 네팔인의 고고함은 설산의 왕국 네팔을 대변할 것 같았지만 사실 네팔 첫 관문부터 모든 것의 허술함과 초라함, 비효율성이 확 느껴졌다. 더딘 비자VISA발급 일 처리를 익히 들어왔던 터라 민첩하게 움직여 타인보다 빨리 비자를 받고비자비: 1달짜리 US $40 공항 밖으로 나오니 당초 나를 영접하기로 했던 현지인이 보이지 않는다.

예정보다 빠른 항공기 도착과 신속한 비자 취득으로 예상보다 빨리 입국장을 벗어난 것이다. 이리저리 둘러봐도 나를 픽업할 사람은 보이지 않아 순간 예약이 잘못되었나 하는 불안감이 엄습할 즈음 누군가 날 부른다. 그의 손에는 내 사진여권사본이 들려있고, 그가 늦은 것이 아니라 내가 너무 신속히 빠져나온 것이라고 멋쩍은 표정을 지었다.

여행자 거리인 타멜Thamel에 있는 오늘의 숙소로 이동, 미리 부탁했던 네팔 돈인 루피[환전 US $500=52,500루피, 1루피NRs=11원]를 받고, 한국에서 미리 준비한 내가 입던 등산복 등 옷가지를 여행사 사장에게 전달해 달라고 주었다. 나에겐 그리 필요치 않은 옷들이 이곳 포터나 가이드들에게는 긴요할 것 같아 주섬주섬 챙겨온 것들이었다.

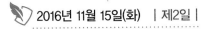

아침 8시. 카트만두 국내선 공항은 너무 초라하다.

마치 우리나라 1960-1970년대를 보는 것처럼 전근대적이고, 느리고 비능률적이다. 내가 탑승한 루크라^{Lukla}행 14인승 경비행기는 오늘은 승객 4명뿐. 기장 2명과 승무원 1명 외에 승객 자리에는 히말라야 고산지역에 필요한 생필품들로 가득 찼다. 짐에 밀려 승객은 맨 뒷자리 4좌석에 앉아야 했다.

30분 정도 비행 후 히말라야 계곡의 세찬 바람에 다소 흔들리던 기체는 고도를 낮출 필요도 없이 그냥 산이 마중 나왔고, 절벽 사이의 활주로에 마치 글라이더가 슬라이딩하듯 사뿐히 내려앉았다.

　해발 2,840m에 위치한 루크라 공항은 세계에서 가장 위험한 공항 중의 하나
라고 한다. 바람과 날씨, 절벽과 계곡 등 지형지물 또한 항공기 안전을 위협하
는 큰 요소라고 하는데 실제로 제시간에 이착륙은 행운이고, 지연과 결항이
다반사라고 하여 이번 트레킹에서 정해진 여정대로의 내 항공 운은 매우 좋은
것이었다.

　루크라에서 잠시 내리막 언덕이 있었을 뿐 길은 두드코시 강을 따라 꾸준한
오르막의 연속이었다. 네팔어로 두드dudh는 우유, 코시kosh는 강을 말한다고
하는데 빙하가 녹아내린 강물은
계곡을 따라 이리저리 부딪히며
하얀 포말을 일으키고 있어 말 그
대로 맑은 우윳빛 강물이었다.

　체프룽Cheplung:2,660m을 지나
오후 2시 팍딩Phakding에서 산행
첫날을 마무리하기로 했다. 첫날

부터 무리 없는 심신의 적응 기간이 필요할 것 같았다. 히말라야의 롯지Lodge는 숙식을 함께 해결하는 곳으로 난방이 안 되는 침실에는 단지 조악한 침대 단 하나뿐, 침낭과 체온으로 기나긴 초겨울 밤을 지새워야 했다. 롯지에서는 숙박비는 거의 원가 수준으로 받고 각종 차tea와 레스토랑식사 수입으로 운영하고 있었다.

 2016년 11월 16일(수) | 제3일 |

아침 7시 팍딩2,610m을 출발하여 몬조Monjo:2,700m, 조르살레Jorsale:2,810m를 거쳐 남체Namche:3,440m까지 이르는 긴 오르막은 평소 거의 산행을 하지 않던 내 체력과 인내심을 시험한 후 오후 4시에야 남체 티베트 호텔Lodge에서 흙투성이 신발 끈을 풀 수 있었다.

고도 830m를 높이며 9시간여 소요된 산행은 근래 체험하지 못했던 자신과의 싸움이었고 고난의 연속이었다. 거의 고갈된 체력은 평소 나 자신의 모습이 어떠했는지를 거울처럼 보여주고 있었다.

두드코시 강에 걸린 철제 현수교는 상당히 길어 건너편이 아련히 보이고, 사람이나 동물이 건너가면 제법 많이 뒤뚱거렸다. 특히 짐을 잔뜩 실은 좁게 무리가 건너갈 때면 사람들은 한참을 기다렸다 건너가야 했다. 야크Yak는 남체3,440m이상 고지대에서만 서식하고, 조리는 그 밑에서 서식한다고 하는데 덩치가 작아 운송 능력이 부족하여 야크와 조리의 중간 잡종인 좁게가 탄생하게 되었다고 한다.

실제로 좁게는 야크와 달리 배에 기다란 털이 없었고 뿔 모양도 달랐는데, 좁게는 마치 말과 당나귀 사이에서 노새가 태어난 것과 같은 원리였다.

조르살레를 지나 오르막에서 가쁜 숨을 고를 쉼터가 나타나자 가이드 쭘세는 첫 번째 에베레스트 뷰 포인트view point라고 알려준다. 나뭇잎 사이 좁은 틈새로 에베레스트가 멀리 보여 카메라에 담았다.

네팔 가이드 쭘세Chumse: 39세는 한국어와 영어가 가능하여 나에겐 이번 트레킹이 매우 수월했다. 의사소통이 원활해 내가 신경 쓸 필요 없이 대부분 알아서 처리해 주었고, 고도와 식사 조절 등 충실한 도우미 역할을 했다. 네팔 동부 산악지역 칸첸중가Kanchenjunga:8,598m 출신인 그는 림부Limbu족이고, 아내는 타망Tamang족으로 결혼 당시 같은 부족

이 아니라는 이유로 반대가 심했다고 한다. 지금은 슬하에 12살, 5살짜리 딸을 둔 15년 경력의 베테랑 가이드가 되었는데 네팔 산간지방에는 아직도 동일 부족 간 혼인이 고집되고 있어 타파해야 할 악습의 하나라고 볼 수 있다.

그리고 가이드 경비로 여행사에 매일 US $35를 지급하였는데 실제 가이드인 자기는 하루 US $20를 받아 트레킹 기간 중의 모든 숙식도 책임져야 해서 가이드 본인에게 돌아가는 몫이 너무 적음에 안타까움을 금할 수 없었다.

2016년 11월 17일(목) | 제4일 |

해발 3,440m 남체 바자르. 남체Namche는 보통 본격적인 트레킹을 시작하기 전 고소적응을 위해 하루 더 묵는 곳이다.

고산병이란 해발 3,000m 이상 고지대에서 산소가 희박해지면서 나타나는 신체의 급성반응을 말하는데, 적절한 고소적응acclimatization: rest day 없이 하루에 고도 500m 이상을 높이면 고산병에 걸릴 확률이 매우 높다.

고소증[symptoms of altitude sickness =AMSAcute Mountain Sickness] 예방의 최선책은 호흡이 흐트러지지 않을 정도로 천천히 걷는 것이다. 마치 할머니가 손자 손목을 잡고 동네 구멍가게 마실 가는 걸음걸이처럼!

• '빨리 빨리quick quick'가 아닌 '더디더라도 꾸준히slow and steady'.

트레킹에서는 고도 기준으로 걷는 것이지, 걷는 거리는 중요하지 않다. 히말라야 트레킹에서 국내 산행을 다니던 속도로 올랐다가는 90% 이상 쓰러진다고 하며 무조건 천천히 걸으라고 전문가들은 조언한다.

기본적으로 고산병 예방을 위해 무리하게 장시간 걷는 것은 피해야 한다. 식사를 잘하는 방법을 찾는 것도 큰 예방이 되며 따뜻한 물을 많이 마실 것을 요구하고 있고, 음주는 절대 금물이다.

외뿔소처럼 혼자서 가라

고산병의 확실한 치료는 신속히 저지대로 내려가는 것이다. 고산병의 필수 약품, 이뇨제 다이아막스Diamox는 일시적인 효과를 발휘할 뿐 치료제는 아니다. 다이아막스는 혈관 속의 수분을 배출함으로써 혈관에 산소가 공급되는 것을 돕는 방식이다. 비아그라 역시 많은 산악인이 대용한다 하기에 나 역시 친구의 도움으로 비아그라를 준비해 갔으나 정작 1알도 먹지는 않았다.

샹보체Shyangboche는 히말라야에서 가장 높은 비행장이 있던 곳이다. 지금은 폐쇄되어 야크 떼가 한가로이 목초를 뜯고 있었는데, 해발 3,880m에 에베레스트를 전망하는 최고의 포인트에 일본인 소유의 호텔이 있었다.

Hotel Everest View! 이 전망 좋은 요지를 선점하여 호텔까지 세운 이름 모를 일본인에게 경의를 표할 정도로 숨 막히게 아름다운 곳이었다. 남체에서 물 1L는 100루피, 하지만 고도를 높일수록 값은 올라가 해발 5,170m, 고락셉 롯지에서는 물 1L가 350루피! 고도를 높이며 생필품을 운반하는 것이 얼마나 힘든 줄 알기에 당연한 귀결이었다. 한국에서도 슈퍼마켓에서 1천 원 하는 막걸리를 서울 관악산 깔딱고개 정상에서는 5천 원 받는 것과 비교될 수 있었다.

2016년 11월 18일(금) | 제5일 |

원형경기장 같은 오목한 남체 마을을 출발하여 잠시 뒤, 산 중턱의 수평의 길 위에 올라서자 오른편으로 '어머니의 목걸이'라는 뜻의 아마다블람AmaDablam:6,856m, 가운데로는 로체Lhotse:8,516m 그 옆으로 살짝 에베레스트8,848m가 보이기 시작했다.

풍기텡가PhunkeTenga에서부터는 두 시간여 동안 급격한 경사면을 올랐다. 턱

걸이하듯 힘겹게 언덕에 올라서자 텡보체Tengboche:3,860m 마을이 그림처럼 나타났는데, 넓은 광장 왼편에는 금빛 찬란한 곰파Gompa: 티베트 사찰가 있었다. 에베레스트 원정대가 반드시 들러 기도를 올리는 곳이라고 하는데, 곰파 앞에는 초르텐Chorten: 티베트 불교의 불탑이 나른한 오후의 햇살을 받아 반짝반짝 빛나고 있었다.

텡보체에서 조금 더 걸어 오늘 내가 머물 디보체Deboche:3,820m 롯지 이름은 로도덴드론Rhododendron이었는데, 이는 네팔 국화國花인 진달래의 영문명이었고 네팔리Nepali들은 랄리구라스Laliguras라고 부르고 있었다.

외뿔소처럼 혼자서 가라

2016년 11월 19일(토) | 제6일 |

    디보체를 떠나 팡보체^{Pangboche:3,930m}에 이르니 로체^{8,516m}, 로체샤르 ^{8,393m}, 아마다블람^{6,856m}, 캉테가^{Kangtega:6,685m}, 탐세르쿠^{Thamserku:6,608m}가 병풍처럼 펼쳐진다.

    계속 가쁜 숨을 몰아 소마레^{Shomare:4,070m}를 지나 딩보체^{Dingboche:4,360m}에 도착했다. 딩보체에서는 고소적응을 위한 휴식 겸 추쿵^{Chukhung:4,730m} 왕복 트레킹을 할 예정이다.

황량한 마을 한편에 설산과 닿아 있는 초르텐 너머로 로체와 아마다블람이 팔을 뻗으면 닿을 정도로 가까이 보였고, 딩보체 롯지 창문 너머로는 로체가 코앞까지 다가와 있었다.

롯지에서 배낭을 정리하다가 전날 디보체 롯지에 고성능 후레쉬를 놓고 온 걸 알았다. 다이닝룸은 차와 식사를 하며 몸을 녹이는 공간이자 숙식하는 많은 트레커들과의 의사소통 등 상호 교류의 공간이다.

가이드 쫌세에게 부탁, 하산하는 다른 네팔가이드에게 디보체 롯지에 들러 찾을 수 있으면 찾아 내가 묵었던 남체 티베트호텔에 맡겨 달라고 했다. 평상시에는 가이드의 유용성이 별로 부각되지 않지만 위급 상황 시 현지가이드의 조력은 일종의 보험처럼 매우 필요한 것이다.

아침 8시. 추쿵^{4,730m}으로의 나들이를 시작했다. 고도 370m를 높이는 왕복 6시간짜리 트레킹은 고소적응에 아주 적절하였고, 임자체^{Imja Tse:6,189m, Island Peak}와 임자초^{Imja Tsho:5,010m}를 배경으로 장대한 히말라야의 산과 호수, 빙하, 계곡이 파노라마처럼 펼쳐졌다.

이번 트레킹에서는 몇 시 출발, 몇 시 도착, 몇 Km 산행, 소요시간 몇 시간 등은 별 의미가 없다. 그저 자신에 맞게 체력과 시간을 분배하며 천천히 히말라야를 즐기면 되는 것이다. 고도 3,000m 이상에서는 하루에 500m 이상 올라가면 고소증을 유발할 수 있기에 적절한 고소적응은 꼭 필요한 것이었다.

트레킹은 거리 기준이 아니라 고도 기준이고, 타인과 비교되는 것이 아닌, 오롯이 매일 자기 자신과의 싸움이었다. 이번 트레킹 내내 가이드 쫌세가 수시로 적당한 장소와 시간에 물 공급, 호흡 조절 등을 잘 이끌어 줌으로써 고소증 문제는 전혀 겪지 않았다.

2016년 11월 21일(월) ㅣ 제8일 ㅣ

본격적인 산행 7일째. 딩보체를 떠나 두클라Dughla:4,620m 롯지에서 점심을 먹는데 한국 신라면500루피이 메뉴에 있었다. 이 높은 곳에서 한국 라면을 먹을 수 있다니….

그동안 네팔 현지식 위주[달밧, 모모, 뚝바, 텐뚝, 쵸우멘, 셀파스튜 등]로 계속 먹어 왔었는데, 모처럼의 고향 음식에 저절로 힘이 솟는 것 같았다.

에베레스트의 길목 로부체Lobuche:4,940m 롯지에서는 눕체Nuptse:7,861m가 정면으로 매우 가깝게 보였다.

해발 5,000m에서 산소량은 53%, 5,500m에서는 50%, 에베레스트8,848m에서는 33%이기에 자신의 컨디션을 최상으로 유지 관리하는 것이 이번 히말라야 트레킹에서는 매우 중요하다.

기온은 고도 100m 올라갈 때마다 0.6도 낮아진다. 고도가 올라갈수록 기압이 낮아지고 대기 중의 분자활동도 활발하지 않기에 체온관리 역시 중요하다. 따라서 트레킹 기간 중 샤워금지는 물론 찬물 세수도 자제하고 간단한 물티슈 세안으로 최대한 몸의 열을 빼앗기지 않으려고 노력했었고, 감기라도 걸리면 호흡곤란 등 트레킹에 막대한 지장을 초래하기에 2주 동안 노심초사했었다.

🖋 2016년 11월 22일(화) | 제9일 |

아침 일찍 로부체에서 고락셉GorakShep:5,170m으로 향했다. 고락셉 롯지는 이번 히말라야 트레킹에서 제일 높은 위치에 있고, 에베레스트 베이스캠프EBC의 관문이었는데 트레커들은 에베레스트 트레킹의 정점인 베이스캠프5,364m를 향해 마지막 혼신의 힘을 쏟고 있었다.

에베레스트 원정대의 베이스캠프는 트레커 베이스캠프에서 한참 들어가 있는 거친 빙퇴석 지대였는데 빙하가 온난화로 녹아버린 결과였다. 드디어 이번 트레킹의 목표 에베레스트 베이스캠프Everest Basecamp:5,364m에 도착했다. 타르초Tharchog: 오색 깃발는 바람에 펄럭이며 지난 8일 동안 이곳에 오르기 위해 애쓴 나를 힘껏 반기고 있었다.

타르초의 다섯 가지 색깔은 방위方位와 함께 여러 가지 뜻을 함축하고 있다. [청동천목青東天木/ 백서운금白西雲金/ 적남−화赤南−火/ 녹북해수綠北海水/ 황중지토黃中地土]

고락셉 롯지 다이닝룸에서 트레킹 중 처음으로 한국인을 만났다. 서울 강남의 골드미스38세로 고소증과 감기로 고생하면서도 3 Passes, 3 Ri^{mountains} Trail[KongmaLa^{5,535m}/ ChoLa^{5,420m}/ RenjoLa^{5,360m}, Chukhung Ri^{5,550m}/ KalaPatthar^{5,550m}/ GokyoRi^{5,360m}]을 추진 중인 당찬 아가씨였다. 그녀와는 나흘 뒤 고쿄^{Gokyo} 롯지에서 다시 만나게 되는데 역시 불편한 몸을 이끌고 2 Passes 2 Ri Trail 을 이룬 뒤여서 대한민국 여성의 강인함에 놀란 바 있었다. 그날 이후 다시 볼 수는 없었지만 아마 무난히 5천 미터 급 3 고개, 3 산 트레킹 여정을 마쳤을 것으로 생각한다.

그녀는 전날 밤 추쿵에서부터 열 시간 넘게 걸려 심한 서덜길, 콩마라^{Kong-} maLa:5,535m 패스를 건너와 힘든 심신을 추스르고 있었다. 고락셉 롯지 다이닝 룸에서 제법 늦은 시간까지의 대화와 당초 목표로 했던 에베레스트 베이스캠 프 트레킹 완주의 환희 때문이었는지 고도 5,170m 썰렁한 롯지의 밤이 어떻게 지나갔는지 모를 정도로 모처럼 푹 잤다.

사실 그동안 긴 밤! 침낭 하나에 체온으로 몸을 녹이고 이러저리 뒤척이며 제대로 잠을 못 이루었는데 역설적으로 가장 높은 곳에서 숙면을 취하다니!

🐾 2016년 11월 23일(수) | 제10일 |

오늘은 고락셉 롯지에서 출발, 칼라파타르^{KalaPatthar:5,550m}를 오른다. 칼라 ^{kala}는 black, 파타르^{patthar}는 stone을 의미한다고 하는데 실제 검은 돌들이 깔 린 언덕을 넘어 천천히 꾸준히 오르다 보니 거의 정상이 보이기 시작했다. 하 산하는 한 여인이 '안녕하세요?' 하여 눈을 들어 보니 짙은 선글라스 너머 피 곤한 모습의 한국인이 보였다. 그녀와는 짧은 시간이었지만 제법 많은 이야기 를 나누었는데 안타깝게도 고소적응에 실패하여 루크라까지 하산을 서두르는 중이었다. 설악산 망월암 비구니라고 밝힌 그녀에게 강화 보문사 입구 우리 식 당에서 선글라스 벗은 건강한 모습을 보여 달라며 그녀의 무사귀환을 빌었다.

외뿔소처럼 혼자서 가라

히말라야

칼라파타르는 에베레스트가 지척에 보이는 최고의 전망 포인트였다. 에베레스트를 배경으로 여러 장의 기념사진을 남긴 후 하산하여, 오후 2시에는 로부체4,940m 롯지에 여장을 풀고 그동안의 트레킹 여정을 반추하며 따사로운 히말라야 오후의 햇살을 온몸으로 받아들였다.

 2016년 11월 24일(목) | 제11일 |

로부체에서 종라 Dzongla:4,830m 까지는 3시간 정도 소요되었다. 쿰부 빙하 Khumbu Glacier 계곡을 내려와 촐라초 ChoLa Tsho:4,590m 호수를 끼고 오르는 트레킹 코스는 어느 쪽으로 보나 한 폭의 그림 같았다.

내일 험난한 촐라 ChoLa:5,420m 패스를 넘어가야 하기에 충분한 휴식으로 체력을 보충하고 마음의 준비를 단단히 해야 했다. 숙소 앞에는 촐라체 Cholatse:6,335m가 버티고 있고 뒤편에는 로부체, 웨스트 West:6,145m와 이스트 East:6,119m가 병풍을 두르고 있었다.

촐라 패스^{5,420m}는 가파를 뿐만 아니라 너덜길을 따라 난 큰 바윗덩어리를 올라서야 하고 바윗길이 끝나면 새하얀 눈밭과 빙하^{glacier}, 크레바스를 건너야 했고, 정상에서부터 내려갈 때는 언제 닥칠지 모르는 낙석 위험 때문에 이번 트레킹 중 가장 위험하고 힘든 고난도 코스였다.

새벽 5시. 손전등으로 길을 밝히며 한발 한발 나아가다 보니 여명이 밝아오고 히말라야의 아침 햇살은 지쳐가는 트레커에게 힘을 실어주었다.

가이드 쭘세의 세심한 배려로 촐라 패스 위험지대를 벗어나니 평원지대가 펼쳐졌다. 탕낙^{Thangnak:4,700m} 롯지에서 처음으로 살짝 뜨거운 물로 머리를 감았다. 보름 동안 면도를 못 해 수염은 덥수룩하고, 세면마저 제대로 못 해 사람 몰골이 말이 아니었는데 머리 감고 세안하고 나니 인물이 확 달라져 보인다.

여전히 금주는 계속되었고 시원한 에베레스트 맥주를 마시고 싶었지만 트레킹 종료 후를 기약하며 꾹 참았다.

2016년 11월 26일(토) | 제13일 |

　탕낙에서 출발, 고줌바 빙하Ngozumba Glacier를 타고 계속 올라가다가 고교 맞은편에서 빙하를 건너, 고교Gokyo:4,790m가 보이는 언덕길에 올라서니 장대한 풍광이 펼쳐진다.

　고교초Gokyo Tsho:4,870m 는 43ha 면적에 수심 43m, 길이 1Km, 너비 855m의 그림같이 맑은 호수였다. 히말라야의 빙하 녹은 물로 이루어진 이 호수는 고줌바 빙하 계곡의 3번째 호수였고 위로 3개의 호수와 아래로 2개의 호수 중간에 위치했다. 필설로 표현하기 어려운 아름다움을 지녔다.

　롯지에 여장을 풀자마자 바로 고교리GokyoRi:5,360m 산행을 시작했다. 고교리는 에베레스트가 잘 보이는 view point로 유명하여 촐라 패스를 넘은 트레커들이 반드시 올라가는 산이다.

나 역시 트레킹 가이드북 lonely planet – Trek-
king in the Nepal himalaya 표지를 장식하고 있는
고쿄리 정상에서 바라본 고쿄초와 주변 히말라야
산들의 모습을 카메라에 담아야겠다고 단단히 벼
르고 있었다.

역시 고쿄리에서 찍는 모든 사진은 어디를 찍어도
그림같이 잘 나왔다. 이 한 장, 한 장의 사진 속에
지난 2주 동안 힘겹게 올랐던 나의 모습들을 고스
란히 남겼다. 고쿄리 정상에서 보는 히말라야는 최
고의 파노라마였다.

초오유 Cho Oyu:8,188m, 푸모리 Pumo Ri:7,165m, 에베레
스트 8,848m, 눕체 7,861m, 로체 8,516m, 캉테가 Kangtega:

6,685m, 탐세르쿠Thamserku:6,608m 등 저마다 개성 있는 모습의 산들이 히말라야를 빛내고 있었다. 특히 에베레스트는 나의 여정에 보답하듯 미끈한 북서면을 보여 주었다.

 ## 2016년 11월 27일(일) │제14일│

아침 6시 30분 고쿄Gokyo:4,790m에서 본격적으로 하산을 시작했다.

마체르모Macchermo:4,470m, 돌레Dhole:4,200m, 포르체탱가PhortseThanga:3,680m 까지 내리막길을 일사천리로 내려왔는데 히말라야는 순순히 날 보내주지 않았다. 몽라MongLa:3,970m 고개가 마지막 내 체력과 인내심을 시험했다.

표고차 300m를 올라 나타난 몽라 고개 Tea House에서 짜이 한 잔으로 가쁜 숨을 고르고 계속 하산하여 처음 묵었던 남체3,440m 티베트 호텔에 들어서니 이미 깜깜해져 버린 저녁 5시 30분.

11시간 동안에 고도 1,310m를 낮추며 쉼 없이 걸어내려 왔던 것이다. 가이드 쭘세는 자기 가이드 경력 15년 동안 하루 만에 이 코스를 하산하기는 처음이라며 혀를 내두른다. 역시 대단한 정신력과 체력이라며 나를 치켜세운다. 사실 이번 트레킹에서는 사전에 코스를 많이 조사하고 거의 내 의지대로 추진해 왔는데, 자세한 현지사정은 잘 몰랐기에 어쩌면 무모할 수도 있는 선택에 잘 적응해 온 셈이다. 무식하면 용감하다고 했던가!

 2016년 11월 28일(월) | 제15일 |

새벽 5시 30분. 갑자기 침대가 흔들리며 롯지 건물이 요동친다. 짧은 순간이었지만 놀란 가슴에 문을 열고 뛰쳐나가니 전 숙박객이 몰려나왔다. 더 이상의 여진은 없었지만, 후에 알고 보니 진도 5.4의 강한 지진이었다. 가이드 쭘세는 이 정도는 다반사라며 별로 개의치 않았지만, 더 이상 숙소에 머무르는 것이 불안하여 아침 6시 30분 하산을 서둘렀다.

남체3,440m에서 조르살레2,740m, 몬조2,835m, 팍딩2,610m, 체프룽2,660m을 거쳐 루크라를 앞두고 마지막 오르막 길을 올라 드디어 하산의 종지부를 루크라2,840m 히말라야 롯지에서 찍게 되었다.

고도 600m를 낮추며 9시간 소요되어 도착한
루크라!

롯지에서 지난 2주간 처음으로 온수샤워를
했다. 그리고 다이닝룸에서 에베레스트 맥주로
무사히 트레킹 마침을 자축했다.

 2016년 11월 29일(화) | 제16일 |

내 카트만두행 항공권은 내일 아침 출발로,
루크라의 변화무쌍한 기상 변화 때문에 며칠
씩 발이 묶일 수 있어 원래의 트레킹 계획에서

하루를 앞당겨 서둘러 루크라에 도착했던 것인데 이곳 롯지 사장의 영향력은 대단하여 본인이 직접 나서 오늘 아침 출발 편 카트만두행 항공권으로 바꿔 준다.

30분 정도 비행 끝에 14인승 경비행기는 카트만두 국내선 공항에 안착했다. 그런데 수하물을 찾는데 비효율의 극치를 경험했다. 창고같이 허름한 곳에 컨 베이어 벨트도 없이 수레에 싣고 온 각 국내선 수하물이 뒤엉켜 수작업으로 짐표와 대조하며 일일이 화물을 찾는 아수라장을 연출하고 있었다.

비행시간보다 더 긴 대기시간 끝에 겨우 배낭을 찾아 택시^{500루피}를 타고 여행자 거리인 타멜^{Thamel}에 내려 적당한 호텔^{US $15}을 잡아 배낭을 두고는 바로 파탄^{Patan}으로 이동했다.

템포^{Tempo}는 시내버스처럼 일정한 노선을 정해놓고 다니는 합승삼륜차^{Kath-mandu Tuk Tuk}인데 전기나 가스연료를 사용하여 공해와 진동이 적고 요금이 저렴한 것이 장점이지만 실내가 좁아서 상당히 불편하였다. 뒷좌석은 10인승이 기본인 것 같았는데 손님이 많으면 종잇조각처럼 구겨져 운행되고 있었다.

파탄은 카트만두에서 남쪽으로 5Km 떨어진 고대도시로 15세기 이후 카트만

두, 박타푸르와 함께 카트만두 계곡 3왕국 중 하나로 번영을 누린 곳이다. 17세기 건립된 것으로 알려진 더르바르^{Durbar} 광장은 유네스코 세계문화유산으로 주변의 힌두, 불교사원들과 함께 매력적인 볼거리를 제공했다.

카트만두 타멜로 돌아와 한국식당 경복궁에서 가이드 쫌세와 작별파티를 했다. 한국산 참이슬은 1병에 무려 15,000원이나 하기에 삼겹살에 네팔 럼주를 곁들여 그동안의 노고에 감사하며, 보름간의 수고비를 섭섭지 않게 쥐여주었다.

🖊️ 2016년 11월 30일(수) | 제17일 |

카트만두에서 시외버스를 타고 짱구나라얀^{Changu Narayan}으로 가려고 버스 정류장으로 가는데 시내가 엄청 막혔다. 알고 보니 시위대가 도로를 점거하고 평화시위를 하는 바람에 막히는 것이었는데 경찰은 강경 진압을 못 하고 거의 방치하는 듯 보였다. 네팔의 차량은 거의 소형차가 주를 이루고 있음에 비해 오토바이는 중형 이상이 대부분이어서 기형적인 모습이었다.

　베트남의 오토바이가 대부분 소형임을 감안하면 후진국인 네팔의 행태는 문제가 많아 보인다. 부족한 사회간접자본에 비해 늘어나는 개인 교통수단과 노후화된 차량 등으로 인해 대기오염은 급증하고, 대부분의 비포장도로 먼지와 교통 체증은 도를 넘기고 있었다. 마스크 없이 시내를 활보한다는 것은 매연과 분진에 무방비로 온몸을 맡기는 것과 같았다.

　물도 거의 없는 하천은 쓰레기로 넘쳐나고 각종 오염 불감증은 전형적인 후진국의 '빈곤의 악순환'을 보여주고 있어 안타까웠다. 짱구나라얀은 힌두유적군 유네스코 세계문화유산으로 박다푸르에서 멀지 않은 곳에 있었다.

　박타푸르Bhaktapur 더르바르 광장 역시 유네스코 세계문화유산이어서 광장 안에 있는 왕궁과 사원군들은 중세의 예스러운 정취를 그대로 간직한 채 여행자를 맞이했다.

・파탄 더르바르Durbar 광장 – 입장료 1,000NRs
・짱구나라얀 힌두유적군 – 입장료 300NRs

- 박타푸르^{Bhaktapur} 더르바르 광장 – 입장료 1,500NRs
- 카트만두 더르바르 광장 – 입장료 1,000NRs
- 스와얌부나트^{Swayambhunath} – 입장료 200NRs

박타푸르는 14~16세기 티베트와 인도와의 중계무역으로 부富를 축적하며 최대의 전성기를 누렸지만, 18세기 이후 중심이 카트만두로 이동함에 따라 쇠락해졌는데 중세의 풍경은 지금은 오히려 여행자들을 매료시키며 오래된 옛 향수를 자극하고 있었다.

늦은 아침을 먹고 느긋하게 타멜에서 그리 멀지 않은 카트만두 더르바르 광장유네스코 세계문화유산을 찾았다.

더르바르 Durbar 는 '왕궁'을 뜻하는데 16~19세기까지의 건물군, 구왕궁인 하누만 도카를 비롯한 여러 사원이 더르바르 광장에 모여 있었는데 주변 바자르와 연결되어 서민들의 생활도 같이 엿볼 수 있었다.

스와얌부나트 Swayambhunath 는 카트만두를 상징하는 대표적인 불탑으로 유네스코 세계문화유산불교유적군 돔 형태의 불탑 중앙의 눈은 부다 Buddha 의 눈을 상징하는데 사방으로 카트만두 계곡을 응시하고 있고, 물음표(?) 같은 코는 네팔 숫자 '1'을 나타내는데 '모든 진리는 하나'라는 의미를 내포하고 있다고 하며, 두 눈 사이에 있는 점은 진리를 꿰뚫는 제3의 눈인 삼지안이라고 한다. 눈이 그려진 탑신 위로는 13개의 둥근 원이 포개져 있는데 이는 티베트 불교에서 말하는 13단계의 깨달음과 해탈의 과정을 뜻한다고 한다.

다시 타멜로 돌아와 전신마사지1시간 2,000NRs를 체험해 보았는데 그다지 특색 없는 밋밋한 것이어서 지금껏 받아본 동남아 국가들의 마사지보다는 훨씬 못한 것 같았다. 한국식당 경복궁은 주인은 네팔인이지만 비교적 충실하게 한국의 맛을 내려고 노력하는 것 같았고, 무엇보다 좋았던 것은 김치를 포함 5가지 기본 반찬이 나옴에도 가격은 비싸지 않았다는 것이다.

트리부반 국제공항 조금 못미처 있는 파슈파티나트 Pashupatinath 는 유네스코 세계문화유산 힌두유적군 으로 많은 여행자에게 '화장터'로 알려져 있지만 네팔 힌두교의 총본산이다.

네팔의 국교가 힌두교임을 감안하면 파슈파티나트는 일종의 국가 사원인 셈인데 힌두교도가 아닌 이방인은 내부출입이 금지되고 있었다. 화장터 burninig ghat 여기저기를 기웃거리던 중 어린 소년의 주검을 목격하게 되었는데, 차마 얼굴을 찍지는 못하고 멀리서 장례식을 구경하며 저승길 노잣돈으로 약소하지만 100루피를 전달하고 고인의 명복을 빌었다. 그나마 바그마티 강 파슈파티에서 화장되면 고통스러운 윤회의 고리를 끊는다고 하니 그렇게 되길 기원하며 자리를 떴다.

인도에 강가 Ganga=갠지스 강가 있다면, 네팔에는 바그마티 Bagmati 강이 있다. 힌두교도들에게 이 강들은 시바 Shiva 신의 머리에서 흘러나오는 성수가 흐르는 강이어서, 이 강에서 화장되면 윤회를 끊는다고 하여 많은 힌두교도가 여

기서 죽음을 기다리거나 화장되기를 원하는 것이었다.

네팔 티베트불교의 총본산이자, 네팔에서 가장 큰 불탑이 있는 보다나트 Boudhanath, 유네스코 세계문화유산를 찾았다.

이곳은 스와얌부나트와 함께 카트만두를 상징하는 랜드마크로 유명한 곳으로 주변에는 20여 개의 티베트 사원들가꾸, 겔룩, 닝마, 샤카 등 티베트 불교 4대 종파의 사원들이 몰려 있었고, 많은 티베트인으로 붐비고 있었다.

네팔의 세계문화유산은 모두 8곳인데, 그중 7곳이 수도인 카트만두 주변에 몰려있어 나흘 동안 모두 방문하여 둘러보았다.

나머지 한 곳은 부처님 탄생지인 룸비니Lumbini 불교 유적군인데 다음에 기회를 만들어 방문해 볼 참이다. 네팔의 세계자연문화유산은 2곳으로, 그중 한 곳인 에베레스트 국립공원은 지난 2주간의 트레킹으로 쿰부 히말라야 지역을 돌아보았다.

나머지 1곳은 치트완Chitwan 국립공원 테라이 평원으로 향후 룸비니와 엮어 탐방하면 될 것이다. 타멜 숙소로 돌아와택시 500루피, 맡겨둔 배낭을 꾸려 트리부반 국제공항택시 500루피으로 다시 이동. 밤 11시 15분 중국남방항공 광저우행CZ3068을 기다리며 국제선 출국장에서 그동안의 여정을 정리했다.

- 파슈파티나트Pashupatinath – 입장료 1,000NRs
- 보다나트Boudhanath – 입장료 250NRs
- 에베레스트 국립공원 – 입장료 3,390NRs

🪶 2016년 12월 3일(토) | 제20일 |

전날 밤 11시 15분 카트만두를 이륙한 비행기는 4시간 15분 소요되어 중국 광저우에 도착했는데, 아침 9시 25분 광저우 출발중국남방항공 CZ337편까지는 3시간 40분 동안 공항 내에서 기다려야 했다.

처음 한국 출발 때 5시 10분 대기에 비하면 다소 양호한 것이지만 여하튼 기다리는 것은 지루하다. 저렴한 항공권의 한계이니 어쩔 수 없기는 하지만!

오후 1시 35분. 드디어 대한민국 인천국제공항에 도착. 집으로….

느리게 산다는 것은 자기 자신을 지키며 남처럼 '누구처럼'이 아닌 자기 자신의 삶을 주도적으로 일관되게 산다는 것으로, 게으르게 산다는 것과는 완전별개의 문제다.

인생의 주인은 자기 자신이다. 자신이 삶의 중심을 지키며 산다는 것!

날마다 이 세상의 첫날이자 마지막처럼 주도적인 삶을 산다는 것은 말이 그렇지 참으로 어렵다. 히말라야 트레킹에서 '빨리빨리'는 고소증AMS의 지름길이었다. 고소증 예방의 최선책은 금주와 호흡이 흐트러지지 않을 정도로 천천히 꾸준히 걷는 것이었다. 트레킹에서는 고도 기준으로 걷는 것이지, 걷는 거리는 중요하지 않았다.

내가 나를 만나러 가는 산행은 내내 여전히 춥고 외롭고 숨 가빴다. 히말라야는 조금의 흐트러짐도 용납하지 않는, 맵고도 차갑고 무서운 회초리를 든무욕無慾의 산山이었다.

등산登山이라 함은 인간의 정복욕征服慾과 교만驕慢의 길이라 하고 입산入山은 자연 만물과 한몸이 되는 상생相生의 길이라고 한다. 누구나 정복해야 할것은 마음속 욕망慾望의 화산이지 몸 밖에 있는 산山이 아님을 우리는 알아야 한다.

입산의 마음으로 천천히 호흡을 가다듬고, 히말라야가 던지는 메시지를 느끼며 걷다 보면 어느새 몸속에 장대한 산이 들어와 있었다. 산길을 걷다가 뒤돌아보면 발자국 또한 여전히 따라오고 있었다. 지금 바로 여기 이 자리에서내가 나를 만나러 가고 있음이었다.

걷는다는 것은 행복한 일이다. 걸을 때 비로소 몸도 마음도 온전한 자신의 길을 가게 된다. 걷는다는 것은 나 자신으로 사는 일이며 나 자신과 마주할 수 있는 소중한 순간이다. 걸었을 때 비로소 대자연과 내가 하나가 될 수 있다.

이번 트레킹에서는 2주간의 금주와 빡빡한 걷기 일정으로 몸무게가 아니, 뱃살이 4kg이나 빠졌다. 가이드 쫌세는 내년 6월 말 보름간의 안나푸르나^{An-}^{napurna:8,091m} Round Circuit 트레킹을 제안했고, 나 역시 그러고 싶다고 했다.

"손이 가려우면 돈이 들어오고, 발이 가려우면 여행을 가야 한다"는 네팔 속담이 있단다. 나는 항상 발이 가려워 여행을 다녔나 보다. 난 지난 16년간 64개 나라를 주로 혼자 배낭여행 다녔었다. 내가 나를 만나러 홀로 가는 산행은 내년에도 계속될 것이다. 다시 한번 나 자신의 진면목을 보러 가는 길!

세상 모든 것은 마음이 만든다. 마음에 그린 것은 그대로 실현된다. 마음먹은 대로 무엇이든 이룰 수 있다.

러시아-배낭여행
& 발트 3국
Russia & Baltic 3 Countries

#Russia_Moscow #Russia_St.Petersburg
#Estonia #Latvia #Lithuania
2016. 6. 22 ~ 7. 6

Russia & Baltic 3 Countries

러시아 & 발트 3국

2016. 6. 22 - 7. 6

#Russia_Moscow #Russia_St.Petersburg
#Estonia #Latvia #Lithuania

'아는 만큼 보인다'는 말은 자유여행에서는 불변의 진리로 통한다. 1989년 여행 자유화가 시작되고, 1990년 한국과 러시아 수교 이후 24년이 지난 2014년부터 비자 Visa 면제협정에 따라 무비자 러시아 입국이 가능해졌는데, 세계에서 가장 넓은 영토를 갖고 있는 러시아 극히 일부인 모스크바 Moscow 와 상트페테르부르크 St. Petersburg, 주변 도시 명소들을 짧은 시간 주마간산 배낭여행 하였다.

우리에게는 소련[소비에트 연방 Soviet Union: 1917~1991]으로 친숙한 미·소 냉전 시대의 맹주, 차갑고 어두우며 두려운 이미지를 가진 곳으로 여겨져 온 러시아는 185개 이상의 매우 다양한 민족들이 살고 있는 상상을 초월하는 의외의 매력을 가진 나라이다.

푸시킨 Pushkin, 도스토옙스키 Dostoevsky, 톨스토이 Tolstoy, 차이콥스키 Tchai-kovsky, 라빈스키, 레닌 Lenin, 스탈린 Stalin, 고르바초프, 미하일 바리시니코프 등 러시아 Russia 하면 이런 인물들이 떠오르지 않는가?

발트 3국 The Baltic 3 Countries 은 발트 해 연안에 위치한 에스토니아 Estonia, 라트비아 Latvia, 리투아니아 Lithuania 를 통칭해서 일컫는다.

발트 3국은 1934년에 이미 동맹을 맺을 정도로 역사적으로 깊은 유대를 갖고 있었지만 1940년 소련에 편입, 1991년 소련으로부터 독립하였다. 특히 리투아니아는 독립하자마자 유럽연합 EU 에 가입하고, 나머지 국가는 2015년 유럽연합에 가입되어 90일 무비자로 발트 3국 여행이 가능해졌다.

에스토니아는 전 세계에서 가장 비종교적인 국가로, 국민의 75%가 종교를

외뿔소처럼 혼자서 가라

가지고 있지 않다고 한다. 전체 인구의 20%를 차지하는 러시아인이 대부분 러시아 정교를 믿는다는 사실에 비춰보면 비종교인 75%는 상당히 의미심장한 수치이다.

또한 에스토니아는 도시 전역에 와이파이Wi-Fi가 깔린 최초의 나라이자 IT 강국이다. 라트비아는 가장 많은 러시아 사람들이 살고 있고, 그 수가 수도인 리가Riga에서만 50%가 넘을 정도라고 한다.

2,800개가 넘는 호수와 국토의 1/4이 숲으로 둘러싸여 있는 리투아니아. 리투아니아는 한때 유럽에서 가장 큰 면적을 가졌던 나라였다. 지금의 벨라루스Belarus와 우크라이나Ukraine가 전부 리투아니아의 땅이었다고 한다. 라트비아와는 달리 러시아 인구가 그리 많지 않은 곳으로 침략국이었던 러시아를 정서적으로 멀리하며, 발트 3국 중 가장 먼저 기독교를 받아들여 성당과 교회 건물이 유난히 많은 나라이기도 하다.

 ## 2016년 6월 22일(수) | 제1일 |

러시아항공 3891편[대한항공 Codeshare]으로 인천공항을 오후 2시 출발 모스크바 쉐레메티에보Sheremetyevo: SVO 공항에 도착하니 오후 5시.9시간 소요

- 한국과의 시차는 6시간: GMT+3
- 환율 1루블RUB=18원

러시아의 수도이며 정치, 경제, 행정의 중심지인 모스크바Moscow는 옛 기반 위에 새로운 문화를 융합하여 변화와 성장을 거듭하고 있는 곳이다. 그런데 그리 많지 않은 입자자 수임에도 입국 수속에 무려 1시간 30분이나 걸렸다. 60개국 배낭여행 역사상 이런 장시간 입국 수속은 처음 겪어 본다.

아마 전산시스템 장애로 인한 지연인 것 같은데, 역시 대한민국이 정보통신

외뿔소처럼 혼자서 가라

강국임을 다시 한번 실감할 수 있었다. 35분 만에 논스톱으로 시내까지 연결하는 공항 철도 아에로익스프레스Aeroexpress를 이용, 벨라루스 역에 도착했다.

- 메트로 2회권 100루블, 자동발매기 이용1회권/50루블

메트로 1호선 국립 레닌도서관 역비블리오쩨까 이메니 레니나에 내리니 역 앞 광장에는 도스토옙스키 동상이 있었다. 물어물어 숙소 랜드마크 호스텔을 찾아 들어가니 이건 크렘린과 가깝다는 지리적 이점을 제외하고는 숙소 환경과 시설은 열악하기 그지없다.

좁은 8인 침실 내부공간은 물론 리셉션과 주방을 같이 쓰고, 식당이라고 식탁 하나에 좁은 의자 3개가 전부여서 이용하는 데 매우 불편했다. 이런 걸 일컬어 '싼 게 비지떡'이란 표현이 맞는 것 같았다.

숙소에서 가까운 구세주 그리스도 성당높이 103m, 러시아 정교회 대성당 주변에서 시시각각 변하는 모스크바 야경을 카메라에 담았는데 밤 10시가 훌쩍 넘어도 그렇게 어두워지지 않아 백야white night를 실감할 수 있었다.

🖋 2016년 6월 23일(목) | 제2일 |

장거리 이동에 따른 피로감과 시차 부적응에도 불구하고 새벽 3시 30분 눈이 떠져 밖을 보니 이미 훤하다. 이른 샤워 후, 4시에 숙소에서 나오니 벌써 해가 뜨고 있었다.

궁전극장과 알렉산드로프 정원, 마네쥐 광장을 거쳐 러시아 역사박물관 입구로 오니 붉은 광장, 성 바실리 성당 쪽에 차단막이 설치되어 있었다. 경비원에게 물으니 6시에 연단다. 카잔 성당과 굼Gum 백화점, 성 바실리 성당 옆길을 걸으며 모스크바의 새벽을 사진으로 남기는 등 시간을 채운 후 6시에 붉은 광장에 들어섰다.

사실 이번 모스크바 여행 주목적은 성 바실리 성당과 크렘린을 제대로 보는 것이었고 양파, 아이스크림 모양 등 독특한 탑들도 직접 확인해 보고 싶은 것이었다. 성 바실리 성당St. Basil's Cathedral은 모스크바의 상징이자 러시아의 대표적 건축물 중 하나이다.

60m 높이 중앙첨탑을 중심으로 8개의 양파 모양 지붕들과 모두 다른 높이 4개의 다각탑, 그사이 4개의 원형 탑이 조화를 이루고 있었고, 입구에는 17세기 폴란드와의 전쟁영웅인 미닌과 뽀자르스키 청동상이 성당을 웅장하게 장식하고 있었다.

붉은 광장Red square은 애당초 어원['붉은/아름다운']에서 알 수 있듯이 언제나 아름답다고 하며, 특히 야경이 일품이라고 하는데 이번 여행에서는 제대로 된 야경을 찍지 못해 아쉬웠다.

러시아의 역사적, 정치적 상징인 크렘린Kremlin은 '성벽/성채'를 뜻한다. 러시아의 심장으로 불리는 모스크바 크렘린은 2Km가 넘는 성벽과 19개의 망루로 둘러싸여 있어 웅장함과 장대함을 느낄 수 있었다.

내부에 있는 여러 사원은 독특한 건축 양식으로 인해 러시아 건축술의 기념비적인 것들이 대부분이라고 한다.

외뿔소처럼 혼자서 가라

크렘린은 12세기부터 조성되었으나 13세기에 몽고에 의해 파괴되었고, 15세기 말 이반 3세 때 비로소 방어의 기능을 갖춘 성벽의 모습을 갖추게 되었지만 1812년 당시 나폴레옹의 프랑스군에 의해 일부 건물과 망루가 폭파되었고, 재건 작업을 통하여 창조적이며 독특한 건물들로 채워지게 되었다고 한다.

오늘 목요일은 크렘린이 문을 닫는 날이어서 내부 모습은 볼 수 없었다. 빡빡한 정해진 일정 때문에 하루 더 모스크바에 머물 수 없어 아쉽지만 외부 모습을 돌아보는 것으로 만족해야 했다.

아침 식사 후 다시 어제 야경을 찍었던 구세주 그리스도 성당 주변과 모스크바 강 주변을 둘러보고 아르바트 arbat 거리로 발길을 돌렸다. 구 아르바트 거리는 아르바트 광장부터 스탈린 양식의 대표적 건물인 외무성까지 1Km가 넘는 보행자 전용 도로이자 문화예술의 거리이지만 아직 이른 시간이라 젊은이들과 관광객들은 거의 보이지 않았다.

96

외뿔소처럼 혼자서 가라

그리고 크렘린 남서쪽 모스크바 강변에 위치한 노보데비치Novodevichy 수도원
을 찾았다. 12개의 탑이 있는 하얀 석벽으로 둘러싸인 이 수도원은 2004년 유
네스코 세계문화유산으로 등재된 곳이다.

스몰렌스크 성당, 우스펜스키 교회, 벨타워 등 여유 있게 둘러보고는 메트
로를 타고 붉은 광장 쪽으로 되돌아왔다.

광장의 맥주PUB에서 치킨 너겟과 맥주^{1L}[760RUB]로 시장기와 목마름을 달
래고 볼쇼이Bolshoi 극장과 쭘 백화점, 카페 골목을 거쳐 성 바실리 성당과 붉
은 광장, 굼 백화점의 다양한 모습을 카메라에 담았다.

• 노보데비치Novodevichy 수도원 – 입장료 300RUB

특히 성 바실리 성당은 세 번 방문하여 새벽/낮/일몰 모습을 여러 각도에서
시간대별로 촬영하였는데 마음에 드는 몇 장의 사진을 건질 수 있었다.

모스크바 북동쪽으로 약 70Km 떨어져 있는 세르기예프 파사드 Sergiev Posad 는 1993년 유네스코 문화유산으로 지정된 아름다운 중세마을의 모습을 간직한 성 세르기예프 수도원이 있어 많은 탐방객의 사랑을 받는 곳이다.

수도원 입구에서 전용 오크통 속의 크바스를 시음했다. 크바스는 호밀과 보리를 발효시켜 만든 갈색의 저알콜성 청량음료로 각종 과일도 첨가되어 달콤하면서도 약간의 신맛도 느껴지는 것이었다.

10개의 탑과 석벽 구성으로 14세기부터 지어진 세르기예프 수도원 은 성 삼위일체 사원, 성 세례요한 탄생교회, 성모승천 사원, 성 세르기 교회, 성령의 교회, 종탑 등이 복합된 러시아정교회 Russian Orthodox Church 의 중심지였었다.

외뿔소처럼 혼자서 가라

- 메트로 베데엔하에서 코스모스 호텔 옆 버스터미널에서 388번 버스 이용200루블
- 미니버스 탑승/하차 – 로컬버스 1번, 30루블
- 1시간 25분 만에08:45 – 10:10 도착.
- 세르기예프 수도원 – 입장료 350루블/사진 100루블

수도원을 천천히 여유 있게 돌아보고는 세르기예프 파사드 시내로 터벅터벅 걸어와 시장 구경도 하고 슈퍼마켓에서는 맥주랑 빵을 사서 점심을 때웠다. 러시아 대표 맥주 브랜드로 발찌까가 있는데, 발찌까 맥주는 번호를 매겨서 그 종류를 구분하고 있는 것이 재미있다.

- No.0: 무알코올 맥주 0.5% 이하
- No.2: Pale: 알코올 4.7%
- No.3: Classic: 알코올 4.8%
- No.4: Original: 알코올 5%
- No.6: Porter: 알코올 7%^{흑맥주}
- No.7: Expert: 알코올 5.4%
- No.8: Wheat: 알코올 5%^{밀맥주}
- No.9: Strong: 알코올 8%

대형 슈퍼마켓에서는 No.0, 3, 7, 9 맥주가 주로 판매되고 있었는데 역시 No.9은 8%라서 맛이 아주 강했고, No.7이 5.4%로 적당했는데 No.3는 1992년부터 생산되어 지금까지도 인기 있는 맥주라고 한다.

베베쩨전 러시아 박람회센터는 1939년에 조성된 대규모 전시장으로 구소련의 경제적 성과 및 발전된 과학기술 등을 대외적으로 과시하기 위한 장소로 활용됐

던 곳이라 한다. 1992년 이후부터는 베베쩨로 이
름을 바꾸어 각종 문화 관련 행사장으로 사용되
고 있으며 특히 어린이 놀이공원이 있어 시민들
의 휴식공간으로 이용되고 있었다.

· 388번 버스, 세르기예프 파사드 13:30 출발
  – 14:45 베베쩨 앞 도착

중앙홀 뒤편에 있는 민족 우호 분수는 모스크
바에서 가장 아름다운 분수로도 유명하며 각국
의 전통의상을 입고 있는 여자 동상이 인상적이
었다. 베베쩨 정문 앞에는 특이한 조형물이 하나
있는데, 1957년 세계 최초의 인공위성인 '스푸트
니크'의 성공발사 기념 오벨리스크라고 한다. 이
앞에는 러시아 우주계획 선구자이며 로켓과학자
인 콘스탄틴 치올콥스키의 석상이 있었다.

1755년에 설립된 러시아 최고의 대학, 세계적
인 종합대학이자 모스크바 'Stalin Sisters'의 하나
로 잘 알려진 모스크바 국립대학교는 모스크바
에서 가장 지대가 높은 '참새언덕해발 115m'에 자
리 잡고 있었는데, 높이가 240m인 본관은 '스탈
린 시스터즈' 중 가장 높은 환상적인 건물이었다.

난 배낭여행에서 기회를 만들어 현지 대학교
를 방문하곤 하는데 이번에는 이곳을 포함, 상
트페테르부르크와 빌뉴스 대학교를 둘러볼 예정
이다.

외뿔소처럼 혼자서 가라

　모스크바에는 9곳의 기차역^{바그잘}이 있는데 러시아 역 이름은 각 도착지의 이름으로 불리기에 모스크바에 정작 모스크바 역은 존재하지 않는다. 전날 밤 10시 50분 레닌그라드 역을 출발한 열차는 아침 6시 34분 정확히 상트페테르부르크^{St.Petersburg} 모스크바 역에 도착했다.

　내가 승차했던 상트페테르부르크행 밤 열차^{쿠페: 4인실 침대}에는 중국인 단체 관광객들로 채워졌었는데 이 양반들 엄청 시끄러운 데다가 특히 내 객실에서 60대 여성은 밤새 심하게 코를 골아 숙면에 큰 지장을 받았다. 베개를 빼기도 하고, 돌아누우라고 주의 줘도 잠시뿐, 소용없었다! 거의 뜬 눈으로 잠 못 자고 열차에서 내려 터벅터벅 숙소로 향했다.

소울 키친 호스텔Soul Kitchen Hostel은 가격이 다소 비싸기는 했지만 그만큼의 값어치를 했다. 스텝도 매우 친절하고 침실, 부대시설도 훌륭했다. 2010년 러시아 최고의 호스텔로 선정된 것이 다 그럴만한 이유가 있는 것이었다. 배낭을 맡기고 상트페테르부르크 진면목을 보기 위해 길을 나섰다.

수많은 운하가 300여 개 다리로 연결되어 있는 이곳은 '북쪽의 베네치아'로 불리기도 하며, 러시아에서 가장 유럽다운 도시로 제정러시아 당시는 수도였었고 도시 전체가 박물관이라 불릴 만큼 아름다운 건축물 등을 가진 문화 예술의 상징적 도시이기도 했다.

1991년 소비에트 연방이 해체되면서 '레닌그라드'에서 옛 이름인 '상트페테르부르크'로 다시 불리게 된 도시. 이 도시의 중심에는 성 이삭성당St. Isaac Cathedral, 에르미타쥐 박물관, 피의 구세주 성당, 카잔 성당 등이 있고 강과 운하 투어를 통해 색다른 재미와 감동을 느낄 수 있었다. 성 이삭성당은 1858년에 완성되었는데 러시아의 성인聖人 이삭을 기념한 러시아 최대의 정교회Orthodox church 건물이라고 한다. 높이 101m, 내부 4,000㎡, 100kg 황금을 사용한 황금

돔dome은 상트페테르부르크의 보물로 여겨지고 있다고···.

　에르미타쥐Hermitage 박물관은 세계 3대 박물관 중 하나로 꼽힌다. 이곳 소장품들이 대부분 제정 러시아 당시부터 이어온 수집과 기증에 의한 것임에 비해, 대영 박물관이나 루브르 박물관 소장품들 다수는 탈취에 의한 것이라는 것이 큰 차이를 보여 색다른 존재감을 느꼈다.

　개관하자마자 바로 박물관 내부를 돌아보았는데 수많은 관람객으로 인해 정신이 없다. 그동안 대영, 루브르, 바티칸 박물관 들을 다 관람했었는데 여기는 왠지 집중이 잘되지 않아 수박 겉핥기식으로 대충 둘러보고는 상트페테르부르크 시내 구경에 나섰다.

　피의 구세주 성당The Church of the Saviour on blood은 1883년부터 24년에 걸쳐 지어졌고, 모스크바 성 바실리 성당과 비슷한 이 성당은 러시아 건축양식에 비잔틴 양식을 갖춘 아름다운 좌우대칭 모습이었다.

　• 에르미타쥐Hermitage 박물관 – 10:30 Open/600루블

　마침 오늘 늦은 밤 네바^{Neva} 강변에서 불꽃축제가 예정되어 있어 많은 시민이 네바 강 주변을 가득 메웠는데 난 자정까지 야경을 찍으며 돌아다녔지만 정작 불꽃놀이는 0시 40분에 시작되어 아쉬움을 남겼다.

📓 2016년 6월 26일(일) | 제5일 |

　상트페테르부르크에서 남서쪽으로 약 30Km 떨어진 핀란드 만에 위치한 뻬쩨르고프 여름궁전을 찾아 나섰다. 18세기~19세기 궁전과 정원으로 이루어진 황제들의 여름 별궁인 이곳은 1990년에 유네스코 세계문화유산으로 지정되었다.

외뿔소처럼 혼자서 가라

메트로 1호선 레닌스끼 쁘라스뺵뜨 역[09:15]에 내려 미니버스[마르쉬루트카] 103번 이용[70루블] 30분 만에 위쪽 공원 입구에 하차한 후, 여름궁전을 돌아보았다. 아래쪽 공원분수공원은 아직 Open[10:30] 전이라 넵튠 분수 등 한가로이 위쪽 공원을 거닐며 혼자만의 사색에 빠져들었다.

11시에 삼손 분수 등 본격적인 분수 쇼가 시작되었는데 그새 몰려든 구름 같은 관광객들로 인해 조망은커녕 사진 찍을 공간조차 확보할 수 없었다. 네바 강 선착장 왕복 수중익선[Peterhof Express]은 빠르고 편하기는 하지만 값이 비싸 그냥 멀리서 사진으로만 남겼다.

- 여름궁전 – 입장료 700루블
- 네바 강 선착장 왕복 수중익선 – 750RUB, 30분 간격 운항

미니버스 K224번[70루블] 이용 아프또바 메트로역 하차 후 1호선 이용/2호선 환승, 페트로파블롭스크[Petropavlovskaya] 요새를 찾았다. 네바 강을 사이에 두고 겨울 궁전인 에르미타쉬 박물관과 마주 보고 있는 이곳은 뾰족한 첨탑을 가진 페트로파블롭스크[베드로 바울: Peter & Paul] 성당과 박물관, 역사관 등이 있었다.

- 페트로파블롭스크 요새 – 기본 5곳 관람, 600루블

시내 중심가인 넵스키 대로변 은행에서 환전을 하였는데 30유로에 2,060루블. 역시 은행이 공항이나 타 환전소보다 좋은 환율로

계산해 주었다. 강과 운하 유람선 투어500루블는 1시간 정도 걸렸는데 걸어 다니며 볼 때와는 또 다른 색다른 볼거리를 제공해 주었다.

오후 6시. 요란한 소나기가 지나간다. 비도 피할 겸 러시안 레스토랑에서 여행 중 처음으로 제대로 된 외식을 했는데1,160루블 배낭여행자에게는 다소 과분한 식사였지만 러시아의 맛을 간단히 느껴볼 수 있었다.

숙소 옆 편의점에서 발찌까 맥주 3병을 샀는데No.3: 54루블, No.7: 69루블, No.9: 65루블 대형 슈퍼마켓보다는 다소 비쌌지만 주점 가격에 비하면 엄청 저렴한 편이었다.

- 1유로=1,262원, 1루블=18원

 2016년 6월 27일(월) | 제6일 |

상트페테르부르크에서 남쪽으로 약 27Km 떨어진 곳에 위치한 파블롭스크를 찾아 나섰다. 비텝스키 역에서 10:45 출발하는 전기 기차^{엘렉뜨로 뽀이스트}를 타고 약 40분 소요되어 파블롭스크에 11:25 도착했다. 기차역 맞은편 공원을 거치며 유유자적 삼림욕을 즐기고, 64개의 기둥이 초승달 모양으로 감싸고 있는 파블롭스크 궁전에 당도하니 단아한 가운데에도 기품이 느껴진다.

예카테리나 궁전이 있는 푸시킨 시에서 약 3Km 떨어진 곳에 위치한 이곳은 네바 강의 작은 지류인 슬라반까 강을 사이에 두고 조성된 600ha에 달하는 방대한 공원과 궁전이 있었다. 1782년 처음 시작되어 19세기 초에 완성되었다고 하는데, 예카테리나 2세가 아들 파벨 1세에게 선물한 러시아 고전주의 건축의 걸작이라고 평가받는 파블롭스크 궁전이었다.

- 비텝스키 역 전기 기차 – 52루블
- 기차역 맞은편 공원 – 입장료 100루블

이번 배낭여행 보름 동안 동양인은 거의 보지도, 만나지도 못했는데 내가 여행한 러시아와 발트 3국 배낭여행지 자체가 동양인은 잘 방문하지 않는 곳이기 때문이기도 했다.

미니버스 K286번을 타고^{32루블, 13:45} 황제마을의 예카테리나 궁전 입구로 이동했다. 약 30분 정도 걸려 도착한 예카테리나 궁전^{Catherine Palace}은 중국인 단체관광객들로 인산인해를 이루고 있었다. 궁전 내부를 관람하기 위해 긴 줄을 이루고 있었는데 화려한 내부뿐만 아니라 세계 8대 불가사의 중 하나라는 '호박방'을 보기 위해서 장시간 대기도 감수하고 있는 것이었다. 난 여행하며 그동안 궁전과 공원을 제법 많이 보아왔기에 내부 관람은 생략하고 공원만 대충둘러 보았는데 유명세에 비해 그다지 감흥은 없었다.

1717년 표트르 대제의 황후 예카테리나 1세의 여름별장으로 지어지기 시작한 이 궁전은 그녀의 딸 옐리자베타 시대인 1756년에 완성되었고, 예카테리나 2세 시기에 새롭게 보강 조성되었다고 한다.

• Catherine Park Main Gate/120RUB/09:00~19:00

미니버스 K545번을 타고^{35루블} 메트로 2호선 마스꼽스까야역에 도착, 다시 메트로를 이용 숙소 근처 센나야 광장 대형 슈퍼마켓에서 남아있는 루블화^{RUB}를 일용할 양식을 장만하는 용도로 전부 소진하였다. 오늘 밤 10시 30분에 코라인^{Ecolines} 버스 편으로 에스토니아 탈린으로 이동하고, 탈린^{Tallinn}은 유로화를 사용하기 때문이다.

지난 6일 동안 백야로 인해 길어진 낮 시간 때문에 하루 종일 돌아다니며 가이드북에 나와 있는 명소들은 두루 다 찾아본 것 같다. 이제 익숙해 질만 하니 떠난다. 메트로, 버스, 기차 등 제법 능숙하게 이용할만한데 새로운 환경, 새 문화, 새로운 사람을 찾아 길을 나서야 하는 것이다.

 2016년 6월 28일(화) ┃ 제7일 ┃

전날 밤 10시 30분 비텝스키역 앞 에코라인 버스 승차장을 출발하고 얼마의 시간이 흘렀을까? 러시아 국경에서 출국 수속 때문에 버스 승객에게 전원 하차하란다. 상당한 시간이 소요되어 이번에는 유럽연합^{EU} 에스토니아 쪽 입국

수속. 1시간 30분 동안 지루하게 출국과 입국 수속이 진행되었다. 밤새 버스는 달려 아침 6시. 에스토니아 탈린 버스터미널^{Autobussijaam}에 도착했다.

우선 배낭을 코인 라커에 보관²유로해야 하는 데 동전만 투입 가능하다. 유로화[€] 지폐만 준비하였기에 동전 교환을 위해 이리저리 기웃거렸지만 이른 시간이라 문을 연 가게가 없었다.

현지인에게 화폐교환을 얘기했더니 터미널 앞에 24시간 운영하는 찻집으로 안내해 준다. 고마운 에스토니안^{Estonian}!!

찻집에서 녹차^{tea} 1잔에 0.7€. 주인에게 10€를 주고 거스름돈을 동전으로 달라고 해서 겨우 동전 확보! 터미널 화장실은 0.3€. 여행 중 대부분 화장실 사용료는 0.3€~0.4€이었다.

구시가지 아래쪽 입구인 비루 게이트^{Viru Gate}를 찾아가야 하는데 도로변 정류장에 있는 지도만 보고 대충 걸어가다 보니 방향을 잘못 잡아 빙 둘러 구시가지 위쪽 언덕 부분인 국회의사당 [툼페아 성]에 도착했다. 대충 1시간 이상 빙빙 돌았나?

배낭여행에 정형이 있는 것은 아니다. 에스토니아인의 평범한 아침을 기웃거
릴 수 있어 오히려 특별한 여행이 되었으니 적당한 길 잃기는 배낭여행에 탄력
을 불어넣기도 한다.

탈린 구시가지 전체는 1997년 유네스코 세계문화유산으로 지정되었다. 지금
까지 내 배낭여행의 컨셉concept이 세계 문화유산/자연유산 탐방이었기에 이
번 여행도 대부분 이들 지역을 찾아 나서는 것으로 계획되었다.

• 발트 해의 보석/진주/자존심!!

에스토니아Estonia의 수도 탈린Tallinn에 대한 수식어이다. 1991년 독립 이후
북유럽 최고의 관광도시로 떠오른 탈린 구시가지는 걸어서 한 바퀴 도는 데
몇 시간 걸리지 않을 만큼 자그마한 규모이지만, 탈린을 제대로 느끼기 위해
서는 하루에 세 번은 돌아봐야 한다고 했다. 하지만 일정이 빡빡한 배낭여행

자인 난 불과 몇 시간 후 다음 목적지인 패르누 Parnu로 이동해야 한다.

해발 45m 툼페아Toompea 언덕 여기저기서 탈린의 여러 모습을 카메라에 담았다.

'긴 다리'라는 뜻의 '픽 얄그Pikk Jalg'와 '짧은 다리'라는 뜻의 '뤼히케 얄그Luhike Jalg'는 구시가지 고지대와 저지대를 이어주는 골목 두 개를 일컫는다. 난 내려오면서 '긴 다리' 골목을 이용했고 구시가지를 정밀 탐방하며 다시 올라갈 때는 '짧은 다리'를 이용했었다.

탈린이 가장 강성했던 15~16세기에는 4.7Km에 이르는 성벽에 46개의 성탑이 있었다고 하는데 지금은 1.85Km의 성벽과 26개의 성탑만 남아있다고 한다.

저지대의 볼거리 중 압권은 상공업자들의 공동조합 조직인 길드Guild건물들이었다. 중세 길드건물의 진수인 검은 머리 길드 회당 정문에는 이집트 출신 흑인 성인의 얼굴 장식이 양각되어 있었다.

구시가지 한가운데 우뚝 솟아있는 구시청사 Raekoda는 북유럽에서 가장 오래된 고딕양식 건물이란다. 노천 카페 안에는 여유로운 분위기를 즐기는 수많은 탐방객으로 가득 차 있었다.

크리스마스 전후 한 달 동안 시청 앞 광장에는 대형 크리스마스트리가 세워 지고 시장Market이 서는데 유럽인들은 탈린의 크리스마스 풍경이 가장 아름답다고들 한다.

　시청 앞 한자hansa마을에는 14세기 중세 상업 역사에 큰 발자취를 남긴 한자동맹의 모습을 볼 수 있는데, 유명한 식당인 올데 한자Olde Hansa에서 우리나라 허니honey 열풍보다 오래전에 만들어진 꿀 맥주Honey Beer를 맛보았는데1병=5.9€, 달콤 쌉싸름하다고 할까?

　약간의 단맛에 호프의 쌉쓸함이 교묘히 배합되어 있었다. 탈린의 명물 중세식 아몬드 판매대에서 사 온 아몬드를 맥주 안주로 먹으니 이 또한 색다른 맛이다.

　구시가지 골목 골목을 누비고 다니며 중세의 정취에 흠뻑 빠져 시간 가는 줄 몰랐는데, 이젠 에스토니아 맥주Saku 생맥주 500cc=3.8€로 목을 축이고 탈린

을 떠나야 할 시간이다.

비루 게이트 앞 트램 정류장에서 4번 트램을 이용, 4번째 정류장에 내리면 바로 에코라인 버스 터미널인 Autobussijaam 이었다.

오후 2시 5분 패르누Parnu 로 향했다. 2시간 걸려 도착한 패르누는 녹음이 우거진 아담하고 조용한 소도시였고 에스토니아 여름수도라고 불리는 휴양지답게 발트 해를 끼고 있었다.

호스텔을 찾아 들어가 에스토니아 맥주 4종을 맛보며 쉬기로 했다.

· A.Le Coq Pilsner 4.2%

· Premium 4.7%

· saku original 4.7%

· saku KARL Friedrich 5.0%

그래! 발바닥에 물집이 생겨 걷기 힘들 정도로 지금껏 강행군했으니 이제 좀 쉬어야겠다!

한 나라를 제대로 여행하기 위해서는 그 나라의 수도보다는 작은 도시들과 마을들을 가야 한다. 그것은 좀 더 그 나라와 국민들을 면밀히 들여다볼 수 있고 느낄 수 있기 때문이다. 특히 작고 아담한 미로 같은 골목에서의 기분 좋은 길 잃기는 자유 배낭여행의 흥미로움이자 백미이기도 하다.

🪶 2016년 6월 29일(수) | 제8일 |

탈린 문Tallinn gate을 통과하여 발리캐르Vallikaar 호숫가를 거닐며 아침 일찍부터 키흐누 섬 페리 터미널을 찾았다. 말이 터미널이지 주변 환경은 열악하기 그지없다.

마침 근처에 있던 현지인에게 키흐누Kihnu 섬 배편에 대해 물어보았는데, 그는 친절하게도 Info sign에까지 가서 설명해준다. 수요일 13:15주중 단 1회 키흐누행 출항이었다.

오늘이 수요일이라 출발은 가능한데 돌아오는 배편이 없었다. 무날라이드Munalaid 에서 키흐누행 08:30 출발, 16:15 무날라이드행이라 당일치기 여행은 가능했지만 문제는 무날라이드까지 차가 있어야 된다는 것!!

택시를 이용해야 한다는 것과 08:30까지 무날라이드 까지 갈 수 있을지 불투명했고, 택시 자체도 아예 보이지 않아 고민 끝에 키흐누 섬 투어를 포기하고 자전거로 패르누를 돌아보기로 했는데 결과적으로는 탁월한 선택이 되었다.

키흐누는 옛날 스웨덴 사람들이 많이 거주하던 스웨덴 마을은 물론, 아름다운 초원과 해변 등 섬사람들의 사는 모습이 잘 보존되어 있고, 이 섬의 문화는 2008년 유네스코 세계무형문화유산에 등재되어 있어 꼭 한번 가보고 싶은 곳이었다.

참고로 한국의 무형 문화유산은 종묘 제례악, 판소리 등이 있어 한번 비교해 보고 싶었지만 촉박한 일정 때문에 포기했다. 자전거로 돌아본 패르누는 자전거 투어에 최적화되어 있었다. 3~6시간을 렌트하는 비용은 7€이다.

패르누 구시가지는 쿠닌가Kuninga, 뤼틀리Ruutli 거리 등에 중세 분위기 건물이 집중되어 있었는데 이른 아침 시간이라 한적함이 오히려 사진 촬영에는 최고의 환경을 선사해 주었다.

자전거 투어는 10시에 시작, 오후 4시에 마쳤는데 6시간이나 돌아다녔음에도 아쉬움이 남을 정도였다. 패르누 비치는 모래사장은 그리 좋지 않았고, 발트 해 바다 색깔도 그리 좋지 않았지만, 겨울이 되면 몇 개월 동안 얼어붙는다는 발트 바다를 직접 눈으로 확인할 수 있었다. 해변에는 일광욕을 즐기는 사

람들이 많았는데 주로 할머니들이 거리낌 없이 알몸으로 해변을 활보하고 있었다.

1744~1747년까지 3년이 걸려 만들어진 엘리자베타 교회St.Elizabeth Church는 에스토니아에서 가장 아름다운 바로크Baroque 교회로 꼽힌다고 하는데 내부는 볼 수 없어 외부만 촬영하고는 자전거 투어를 계속했다.

탈린 문이라는 건축물은 패르누가 중세 시대에 탈린과 비슷할 정도로 강성했던 한자동맹의 도시였기에 세워졌던 것이라고 하는데, 발트 국가에서 17세기에 지어진 문이 남아 있는 것은 이곳이 유일하다고 한다.

🖋 2016년 6월 30일(목) | 제9일 |

아침 8시 10분 에코라인 버스Ecolines Bus 편으로 라트비아Latvia의 수도 리가 Riga로 이동했다. 2시간 30분 정도 소요되어 리가 버스터미널에 도착, 가까운 거리의 숙소를 찾아 들어가 배낭을 맡긴 후 리가 구시가지를 둘러 보았다.

리가는 발트 3국 전체에서 가장 많은 인구가 거주하고 있는 경제와 무역의 중심지이다. 또한 가장 많은 러시아 사람들이 살고 있는데, 그 수가 50%를 넘을 정도라고 한다.

리가 구시가지는 유네스코 세계문화유산에 등재되어 있고, 리가 시내는 현대건축부터 신고전주의, 아르누보 Art Nouveau 등 다양한 건축물들을 한꺼번에 볼 수 있는 곳이기도 해서, 리가는 '동유럽의 캔버스 혹은 발트의 문화수도'라는 로맨틱하고 위엄있는 칭호를 부여받았다고 한다.

리가에서 가장 유명세를 타고 있는 검은 머리 전당은 1344년에 지어졌다고 하는데, 지금 이곳은 리가 구시가지의 중심으로서 수많은 관광객으로 넘쳐 나고 있었다.

중세시대 장식물로 치장한 레스토랑에서 모처럼 식사다운 식사를 했는데 중세 조리법으로 양념한 새끼돼지 구이27€에 생맥주, 발잠Balzam까지 해서 제법 돈 좀 썼다. 발잠은 오렌지 껍질과 떡갈나무, 주스와 약초 등 24가지 재료

를 넣고 한약처럼 끓여 만든 라트비아의 전통주로, 현지인들은 술보다는 약으로 여겨 감기 치료나 복통 등에도 특효약이라 믿고 있었다.

이와 같이 발잠은 '병을 고치는 술'로 알코올 30%, 40%, 45%짜리로 만들어 특산물로 판매되고 있었는데 기념으로 30%와 45%짜리 선물세트를 구매했다. 아들과 딸에게 발잠의 맛을 보여 줄 생각에 기대된다.

리가 중앙시장은 비행기 격납고 모양으로 지어졌는데, 실제 전쟁 때에는 격납고로 활용되었다고 한다. 리가 사람들의 참모습을 보려면 여기서 그냥 멍하니 몇십 분만 지켜보고 있으면 된다. 시장이란 그런 곳 아닌가?

세계 어디를 가나 시장은 똑같다. 사람 사는 것이 똑같듯이…….

배낭여행에서 항상 시장은 매우 중요한 방문지이다.

생기와 활력, 존재의 끈끈함, 강인한 생명력 등 무언의 교훈과 가르침을 시장에서 배우곤 한다.

'삼형제3 brothers' 건물은 에스토니아 탈린의 '세자매'와 견줄만한데, 리가 석조 건물 중 가장 오래된 것으로 15세기부터 18세기까지 만들어졌다고 하며, 지금은 라트비아 건축박물관으로 사용되고 있었다.

성 베드로 성당은 1209년 목재로 건립되었다가 돌로 증축한 리가의 대표적 성당이다. 리가 돔Dome 성당은 1201년 알베르트 대주교가 리가 건설을 시작했을 당시부터 관저와 대성당으로 사용되었고,

수백 년 동안 증축되면서 세 가지 건축 양식초기 고딕양식 기반, 바로크양식 첨탑, 바실리카 양식 혼합이 혼재된 웅장한 성당이었다. 다우가바Daugava 강변에 위치한 리가 성Rigas pils:Riga castle은 1340년 리보니아 기사단 관저로 건설된 이래 라트비아를 지배한 많은 국가의 사령부 건물로 사용되어 왔고 지금은 대통령 집무

실로 쓰이고 있다고 한다.

오랜 지배에 맞서 싸운 라트비아인들의 투쟁 흔적은 리가 시내 한가운데에 있는 '자유의 여신상'에서 볼 수 있었다. 1935년 조성된 42m 높이 석상은 라트비아 신화에 나오는 '사랑의 신, 밀다Milda'의 모습에서 따온 것으로 알려져 있는데, 여기에는 'TEVZEMEI UN BRIVIBAI'란 문구가 새겨져 있다. 뜻은, '조국과 자유를 위하여=For the Fatherland and Freedom'이다.

라트비아 자유와 독립을 위한 투쟁의 상징으로 추모객들의 헌화와 추도가 끊이지 않는 곳이었다.

 2016년 7월 1일(금) | 제10일 |

새벽부터 가랑비가 내린다. 6시에 숙소에서 나와 구시가지를 한 바퀴 돌며 풍경 사진을 찍었는데 비 때문에 좋은 사진 건지기는 힘들었다.

다우가바 강변을 따라 낚시하는 사람, 조깅하는 사람, 자전거 타는 사람, 시장 상인들의 분주한 아침 등 리가 사람들의 일상을 카메라에 담은 후 리가 버스터미널에서 09:20 출발 버스 편2.5€으로 시굴다Sigulda 투어에 나섰다.

1시간 10분 소요되어 시굴다역 앞 정류장에 도착했는데, 투라이다행 버스는 1시간여를 기다려야 했기에 여행안내소에 들러 정보를 구했다.

투라이다 성까지 거리는 5km, 1시간 정도면 걸어갈 수 있다고 하며, 시굴다 성을 둘러보고 투라이다 성으로 가면 오후 2:35부터 1시간 간격으로 5:35까지

버스가 있다고 친절히 알려준다. 그런데 여행안 내소에 일본인 청년 토시마로Toshimaro/26세/일본 교토거주가 들어선다.

이 친구는 어제 만난 리가Riga 호스텔 룸메이 트인데, 오늘 나처럼 투라이다 성 투어에 나선 것이었다. 이 친구는 언어 장애가 있음에도 영어 필담으로 자기가 원하는 정보를 구하고 있었다.

온전한 사람들도 발트 여행은 잘 오지 않는 데, 토시마로는 씩씩하고 떳떳하게 자기가 원하 는 여행을 자기식으로 꾸려가고 있음을 보며 장 애는 단지 불편할 뿐이라는 것을 그를 통해 실 감할 수 있었다.

가우야Gauja 강 쪽으로 걸어가다 보니 테니스 코트앙투카 2면도 보이고, 주변 엔 공원도 많았다. 키 광장Key square을 지나는데 자전거 렌트샵이 보인다. 견 물생심見物生心!!

자전거를 빌려 투라이다Turaida 성castle 투어에 나섰다. 한적한 시골길을 쌩~ 쌩~달려 투라이다 성 입구에 도착하니 정오. 결혼을 앞둔 신부의 기념 촬영 이 있어 나도 덩달아 몇 장 찍고는 고즈넉한 성안으로 걸어 들어갔다.

- 키 광장 자전거 렌트 – 11:00 시작, 15:00 반납4시간, 5유로
- 투라이다 성 – 입장료 5€
- 시굴다 성 – 입장료 2€

투라이다 성은 '신의 정원'이란 뜻으로 1200년대 당시 리가 대주교의 거처로 지어졌다고 하는데 여러 차례 파괴된 이후 20세기 중반에 다시 복원되어 지금 은 라트비아를 대표하는 건축물 중 하나라고 한다.

원통형 탑 꼭대기 망루에서는 빽빽한 숲과 가우야 강을 한 번에 조망할 수 있었는데 우중충한 날씨 때문에 좋은 사진을 남기지는 못했다.

다시 자전거를 타고 시굴다 성으로 돌아와서 옛 유적지와 새로 지은 성 castle을 둘러보았는데 그다지 큰 느낌은 없었다.

시굴다를 라트비아의 스위스라고 말한다고 하던데! 글쎄!!

그저 시굴다는 시굴다일 뿐이었다. 자연을 두고 비교한다는 것 자체가 잘못된 발상 아닌가 싶다. 오후 4시 출발 버스를 타고 다시 리가로 되돌아왔다.

중앙시장에서 싱싱한 산딸기를 샀는데…… 싸다!

불과 2유로에 바구니 한가득 담아주다니!

숙소에서 인터넷을 검색해보니 한국에는 집중호우로 물난리를 겪고 있다고 하니 우리 집은 잘 관리되고 있는지 은근히 걱정스럽다. 잘하고들 있겠지!

속수무책束手無策이란 말은 지금 이럴 때 쓰일 수 있을 거다.

  오전 9시. 에코라인 버스로 리투아니아^{Lithuania} 빌뉴스^{Vilnius}로 이동했다. 4시간 소요되어 오후 1시 빌뉴스 버스터미널 도착. 숙소를 찾아 들어가 이른 Check-In 후 구시가지 탐방에 나섰다.

  1991년 소련으로부터 독립한, 발트 3국 중 가장 넓은 면적과 많은 인구를 가진 리투아니아. 붉은 벽돌의 고풍스러운 바로크 양식들이 주를 이루는 빌뉴스 구시가지 전체는 유네스코 세계문화유산으로 등재되어 있다.

1569년 리투아니아 최초의 대학교로 승격된 빌뉴스대학교는 유명한 철학자, 문학가, 사상가를 길러냈는데 건물 전체가 유물이자 박물관이 되었다. 대학교 종탑에서 시내를 둘러보았는데 격자무늬 철망 때문에 사진을 찍을 수 없었다. 광장에는 예비신부들의 기념촬영이 있었고, 구내 성당에서는 진짜 결혼식이 진행되고 있어 혼인 장면 몇 컷을 카메라에 담았다.

구시가지는 한가운데 시청 광장Town Hall Square이 있는 디지요이 대로와 필리에스 거리를 제외하면 대부분 거미줄처럼 좁은 골목길이 미로같이 연결되어 있었다.

전체 인구의 90% 이상이 카톨릭 신자라는 통계답게 구시가지에는 20개 정도의 성당 건물이 남아있다고 하는데, 빌뉴스에서 유일한 중세 고딕 양식의 건물인 성 오나 성당St.Anna's Church은 1812년 러시아 정벌 길의 나폴레옹이 '손바닥에 얹고 파리로 가져가고 싶다'는 찬사를 보냈다는 것으로 유명하다.

성 베드로 바울 성당은 전체 유럽에서 내부장식이 가장 화려한 것으로 손꼽히며, 빌뉴스 대성당Vilnius Cathedral은 소련 시절 '인물화 박물관'으로 변질되는 역사적 상처를 안고 있었고, 1604년에 지어진 카지미에 라스 기념성당도 역시 소련 시절 종교의 불필요함을 교육시키기 위한 '무신론 박물관'이 되기도 했다고 한다.

빌뉴스 구시가지에는 러시아 정교회, 로마 가톨릭, 독일 루터교, 유대교 등 기독교 건축물들이 여기저기 자리 잡고 있었다. 구시가지 입구와도 같은 새벽

의 문Gate of Dawn 위에 위치한 작은 기도실에는 기적의 성화로 불리는 '검은 마리아상'이 자리하고 있는데 많은 사람이 각자의 기도에 몰두하는 모습이 인상적이었다.

우주피스 공화국Repulic of Uzupis, Uzupio Respublika!

빌뉴스 빌넬레Vilnele 강 너머에 있는, 리투아니아어로 '강 건넛마을'이라는 뜻의 작은 예술인 마을을 이르는 말이다.

1997년 4월 1일 리투아니아 내 예술인들이 모여 자기들만의 독립선언을 한 후 예술인들의 창작과 창조의 지혜로운 공간이 된 곳이다. 실제 매년 4월 1일은 독립을 선포해 이곳을 지나려면 여권을 제시해야 한다고 하며, 장난 같지

만, 여기에는 헌법^{constitution}도, 대통령도 있고 12명의 상비군도 있다고 한다. 자체 헌법 41조를 26개국 언어로 골목길 벽에 부착해 놓고 있었는데, 인상적인 문구 몇 개를 소개하자면

- Everyone has the right~ 누구나 ~할 권리
- 3조: 누구나 죽을 권리^{to die but this is not an obligation}
- 4조: 누구나 실수할 권리^{to make mistakes}
- 5조: 누구나 독특해질 권리^{to be unique}
- 6조: 누구나 사랑할 권리^{to love}

- 9조: 누구나 게으를 권리[to idle]
- 16조/17조: 행복하거나/불행해지거나[to be happy/to be unhappy]
- 23조/24조: 이해하거나/말거나[to understand/to understand nothing]
- 33조: 누구나 울 권리[to cry]
- 37조: 아무 권리를 갖지 않을 권리[to have no rights]
- 마지막 41조는 항복하지 마라[Do not surrender]

우주피스 공화국의 이야기는 결국 리투아니아 사람들을 대변하는 것 같았는데 너무 지나친 비약일까?

 2016년 7월 3일(일) | 제12일 |

트라카이[Trakai]는 14세기 초 빌뉴스로 천도하기 전까지 리투아니아 수도였고, 15세기에 완공된 트라카이 성[Trakai castle/Traku pilis]은 중세 역사를 이끌어간 대공작[Grand Duke]들이 거주했던 곳이며 수세기에 걸친 전쟁에 의해 파괴되었다가

1955년에 지금의 모습으로 복원되었다.

갈베Galve 호수 위 조그만 섬에 자리 잡은 고딕양식의 붉은색 트라카이 성곽은 하늘의 파란색, 숲의 초록색, 벽돌의 붉은색 등 원색적 빛깔로 리투아니아 사진첩의 표지를 장식하는 아름다운 곳인데, 하지만 오늘은 비 오는 궂은 날씨 때문에 '빛의 3원색'을 자랑한다는 트라카이를 제대로 찍을 수 없었다.

아침 7시 55분 시내버스 편1.8€으로 35분 걸려 도착, 10시 성 입장6€까지 시간이 많아 호젓한 호수 주변을 느긋하고 한가롭게 걸어 다녔다.

트라카이 성 내부 박물관에는 비타우타스 대공작을 중심으로 한 대공작들의 삶과 역사를 보여주는 유물과 중세 생활상을 보여주는 다양한 유품들이 전시되어 있었다. 당시 대공작들은 흑해 크림반도 지역의 터키계 타타르인들을 대량 이주시킨 결과 지금은 그들과 관련된 삶의 양식이 많이 남아있다고 하는데, 바로 트라카이에서만 먹을 수 있다는 키비나스kibinas와 독특한 모양의 타타르인 나무집들이었다. 키비나스는 다진 양/소/닭고기 등을 반죽하여 오븐에 구운 음식으로 여기에서만 맛볼 수 있는 별미라고 해서 나도 시식해 보았다.

오후 6시. 라트비아 바우스카Bauska행 에코라인 버스에 탑승했다. 3시간 걸려 바우스카에 도착하니 비가 추적추적 내린다. 오늘의 숙소 릭스웰 바우스카 호텔은 2주간의 여행 중 유일하게 묵은 호텔이다. 이 지역 호스텔이 검색되지 않아 어쩔 수 없이 선택할 수밖에 없었는데 역시 호텔이 좋긴 좋다. 다소 비싸긴 했지만 싱글룸에서 편히 하루를 마무리할 수 있었다.

외뿔소처럼 혼자서 가라

러시아 & 발트 3국

리가에서 66Km 떨어진 작은 마을 바우스카. 아침 일찍부터 바우스카 구석구석을 돌아다녔다. 자전거가 있으면 더 효율적이고 좋으련만 호텔에서 추천해 준 자전거 렌트샵은 찾을 수 없어 그냥 걷기로 했다. 우선 바우스카 성을 돌아보고 Bell Tower에 올라 주변 풍광 사진을 남겼다1.5€. 11시에 출발하는 로컬버스0.9€를 타고 20분 만에 룬달레Rundale 성pils 입구에 도착했다. 바우스카에서 12Km 떨어진 이곳은 자전거보다는 버스 이용이 더 나을 것 같았고, 룬달레는 말이 성이지 궁전Palace이란 표현이 오히려 더 적절한 것 같다.

1730년에 이탈리아 건축가 바톨로메오 라스트렐리가 당시 공작의 여름궁전으로 건축했다고 하는데 그는 상트페테르부르크의 여름궁전을 건축한 바 있어 그것에 필적하는 궁전을 여기에 만든 것이라 한다.

• 룬달레 성 – 입장료 9€, 사진 허가 2€

실제 룬달레는 바톨레메오가 오스트리아의 쉔부른 궁전과 프랑스 베르사유를 모델 삼아 건축했다고 한다. 난 그 두 곳을 모두 배낭 여행한 바 있어 꼼꼼히 살펴보니 정말 그런 것

같았다.

　성 주변은 시골의 흙먼지를 날리고 있었는데 이토록 한적하고 평평한 곳에 화려하고 거대한 성이 있다는 것이 믿기지 않았다. 박물관으로도 손색없는 아름다운 성 내부를 돌아보았는데 테마별로 구성된 각 방마다 파스텔 톤 또는 강한 원색으로 꾸며져 그 화려함에 입이 다물어지지 않았다.

　밖으로 나오면 룬달레 정원으로 이어지는데 장미정원 등 정원마다 얼마나 잘 가꾸어져 있던지 이 성에 대한 애착을 느낄 수 있었다. 변화무쌍한 구름 변화에 따라 소나기가 내렸다 다시 청명해 지고 또 이슬비가 내리는 궂은 날씨 탓에 그럴듯한 사진은 찍지를 못했다. 여행 사진의 한계가 바로 그런 것이라

좋은 날씨를 만나고, 순간적인 스냅사진 모델을 만나는 것은 사진을 찍는 여행객의 재수인 셈이다.

미니버스^{0.75€} 편으로 20분 걸려 바우스카로 되돌아와 호텔 레스토랑에서 간단한 식사와 생맥주를 즐긴 후 오후 4시 리가^{Riga}행 시외버스^{3.05€}에 몸을 실었다. 1시간 10분 소요되어 도착한 리가 버스 터미널은 이제 완전히 익숙하다. 시내 중심부 리가 호스텔에서만 3일간 머물렀고, 리가 주변 도시들을 들락거렸으니 어느 정도 현지인만큼 능숙하고 편해진 것이다.

🖋 2016년 7월 5일(화) | 제14일 |

Riga Seagulls Garret Hostel은 구시가지에 위치해 이동과 관광에는 편리했지만 치명적인 단점이 있었다. 숙소 밖에서는 새벽까지 술 마시고 노래하며 떠드는 현지 패거리들로 인해 숙면을 취하기 어려웠다.

한국 같으면 안면 방해로 난리 났을 터인데….

이는 라트비아가 선진국에 이르지 못하는 한가지 이유가 될 수도 있다. 밤새 뒤척이며 잠을 설쳐, 유르말라^{Jurmala} 이왕 갈 거면 일찍 나가보자고 새벽 5시 샤워 후 리가 중앙역에 도착, 06:12 기차를 이용 30분 만에 마요리^{Majori}역에 내렸다.

외뿔소처럼 혼자서 가라

- 스로카^{Sloka}행/리가^{Riga}행, 왕복/기차 20 – 30분 간격 수시 운행 – 왕복 비용은 2.73€

역 앞으로는 강물이 흐르고 있었고, 일직선으로 길게 늘어진 길을 따라가다 보니 다음 역인 두불티 ^{Dubulti}까지 오게 되었다. 해변은 그냥 길 건너편으로 넘어가면 될 것을 괜히 한 정거장 더 걸은 셈이 됐다.

유르말라는 라트비아어로 '유르'는 '대양^{ocean}'을, '말라'는 '해변^{beach}'을 뜻한다고 하는데, 33Km나 되는 긴 백사장을 가진 곳이었다. 이른 아침이라 해변에는 사람들이 거의 없었다. 산책하는 사람과 바다에 잠깐 몸을 담그고 나오는 사람들!

이들은 나름대로 발트의 바다를 즐기고 있었다.

리가 구시가지에서 리가 국제공항까지는 30분 소요되는데 시내버스 22번, 미니버스 222번이 다닌다. 요금은 편의점^{Narvessen}에서 미리 구매 시 1.15€, 버스에서 기사에게 직접 지불하면 2€이니 배낭 여행자에게 정보는 돈이다.

142

외뿔소처럼 혼자서 가라

• 15:35 리가 출발^{러시아항공 2101편}, 17:20 모스크바 도착^{1:35 소요}, 공항 대기 3
시간 35분 후, 20:55 모스크바 출발^{러시아항공 0250편} [8:15 소요]

🖋 2016년 7월 6일(수) | 제15일 |

아침 11시 10분 인천공항[GMT+9]에 무사히 도착했다.

그리운 가족이 있는 집으로……

이번 배낭여행은 20도 남짓 되는 쾌적한 온도에 습도도 적당해 여행하기에
는 최적의 조건이었다. 물론 여름이라 가끔씩 소나기를 만나기는 했지만, 한국
처럼 고온 다습하지는 않았다.

게다가 백야로 인해 길어진 낮 시간 때문에 생긴 풍부한 여행시간도 많은 도
움이 되었다. 그리고 자전거 렌트를 통한 '나만의 여행'은 정말 의미 깊었다. 에
스토니아 패르누, 라트비아 시굴다 에서는 자전거의 적당한 기동력과 나만을
위한 느긋함이 여행의 깊이를 더해 주었다.

—Discover yourself by your own way!

혜민 스님의 〈완벽하지 않은 것들에 대한 사랑〉 책을 여행 동안 틈틈이 읽
었는데, 라트비아에서 일본인 장애 청년과의 만남을 통해 온전한 나를 위한
메시지를 더욱 느낄 수 있었다. 내가 먼저 나를 아낄 때 세상도 나를 귀하게
여기기 시작한다.

自重自愛
자중자애

삶에 역경이 없으면 내가 발전하기 힘들다.

 어느 시각 장애우는 '세상이 보이지 않는 것은 불편하지만 꿈이 보이지 않는 것은 불행이다' 라고 말했는데, 언어 장애가 있던 일본인 청년은 다행스럽게도 자신의 꿈을 꿋꿋이 추구하고 있었고 단지 장애는 불편할 뿐이라는 것을 온몸으로 말하고 있었다. 혜광 스님은 '행복한 삶의 비결은 좋아하는 일을 하는 게 아니라, 지금 하는 일을 좋아하는 것이다'라고 말했는데, '지금 하는 일 좋아하기'는 정말 쉽지 않다. 짧지만 알찼던 이번 배낭여행을 통해 이 화두를 계속 잡고 있었는데 일상으로 돌아온 현재, '지금 하는 일 좋아하기'는 아직도 요원한 것 같다. 낯익은 것은 아는 것이 아니다. 그리고 아는 것을 행동으로 옮기기는 더욱 어렵다. 세상에서 가장 힘든 것이 자신이 아는 바를 행동으로 옮기는 것이고, 또 자기가 한 말과 행동이 다르지 않다는 것이다. 그래서 다 깨달은 문수보살도 부처의 행동을 실천하는 보현보살과 짝을 이뤄 회향하는 이치가 여기에 있다고도 한다. 온전히 깨어있는 현재를 느끼며 즐기기 위해 노력하는 것!
 앞으로도 계속될 내 배낭여행의 여전한 화두이다.

중국-가족여행
황산HyangShan

#Thousand-Islands #HyangShan
2015. 12. 9 ~ 12

CHINA

황산

2015.12. 9 - 12　Hyangshan
#Thousand-Islands #HyangShan

중국 안휘성安徽成 남부에 있는 황산黃山: HyangShan은 해발 1,873m 연화봉蓮花峰을 중심으로 주위에 71개의 아름답고 수려한 봉우리를 거느린 중국 제일의 명산이다.

"오악五岳에 오르니 모든 산이 눈 아래 보이고, 황산에 오르니 오악조차 눈에 차지 않는다." 라는 말이 있을 정도의 중국 10대 명승지 중 최고이다. 1년에 200일 이상 구름과 안개에 가려져 있어 운산雲山이라고도 하며, 황제가 수양을 와서 '황제皇帝 황'자字를 따서 황산이 되었다고 한다.

1990년 유네스코 세계자연유산으로 지정된 황산은 태산泰山의 웅장함, 아미산峨眉山의 청량함, 항산恒山의 운무까지 중국의 모든 명산이 가진 장점을 집대성했다는 평이다.

흔히 황산의 기송奇松, 괴석怪石, 운해雲海, 온천溫泉을 황산黃山 사절四絶이라고 하는데, '천하제일 기산奇山'이라 하여 에베레스트Everest:8,848m와 킬리만자로Kilimanjaro:5,895m 등과 함께 세계 3대 명산名山으로 꼽히기도 한다.

2016년 3월 20일 결혼을 앞둔 딸 주원周圓이와 아내와 함께한 가족여행. 주로 혼자 배낭여행 다녔던 나에게 여행사 하나투어 패키지와 가족에게 함께 묶인 이번 여행은 과분할 정도로 호사스러운 것이었다.

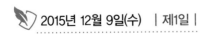 2015년 12월 9일(수) | 제1일 |

대한항공 KE817편은 인천공항을 12시 35분 출발, 14시 15분 중국 황산 공

항에 도착했다. 2시간 40분이 소요됐고 시차는 1시간이다. 겨울이지만 이슬비가 내리는 다소 포근한 궂은 날씨 속에 먼저 휘주徽州 박물관을 휘익 둘러보았다. 황산 지역의 옛 명칭은 휘주. 이곳에서 명·청나라 시대의 문화와 생활상을 살짝 엿볼 수 있었다. 황산 시내에 위치한 청대 옛길은 송나라 때부터 형성되어 명·청나라 때에 상업이 흥하던 곳으로 지금까지도 그 명맥을 유지하고 있는 곳이다. 동서로 뻗은 1,273m 길이의 거리 좌우로 오래된 목조건물들이 길게 늘어선 이곳에서 다양한 종류의 상점들을 구경하며 모처럼 느긋한 관광을 즐겼다.

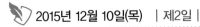
중국에서 항주杭州의 서호와 함께 가장 아름다운 호수로 꼽히는 천도호는 저장성浙江省 항저우시杭州市 순안현淳安县 경내에 있다. 항주로부터 129Km, 황산으로부터 140Km 거리에 위치하며 1959년 중국에서 첫 번째로 자체 설계하고 자체적으로 설비를 갖춘 대형 수력발전소 댐을 건설하면서 형성된 인공호수가 천도호이다.

천도호 풍경명승구 면적은 982km²로 이중 호수면적이 573km²이며 호수 내에는 1,078개의 섬이 있어 천도호로 명명되었다. 현재 세계적으로 캐나다와 중국에 각각 하나의 천도호가 있는데, 캐나다의 천도千島: Thousand Islands는 모두 1,860여 개의 섬이 있다.

- 캐나다와 미국 사이 세인트로렌스 강과 온타리오 호수가 만나는 지역의 크고 작은 1,860여 개 섬을 가리키는 'Thousand Islands' [2011. 7. 2. 배낭여행]

천도호는 수심 10여 미터까지 육안으로 물속을 볼 수 있을 정도의 깨끗한 수질을 지녀 천하제일수 天下第一水라고 불린다. 유람선 편으로 황산첨黃山尖을 둘러보았는데 섬 안의 케이블카를 이용, 정상에서 바라보는 풍경은 한 폭의 아름다운 산수화를 보는 것 같았다.

황산으로 다시 돌아와 저녁에는 휘운가무쇼를 관람했는데, 서사시적인 장면과 다채로운 표현 기법으로 관중에게 휘주의 유구한 역사와 문화를 보여주었다.

2015년 12월 11일(금) | 제3일 |

황산은 무척 외진 곳에 있지만 모든 중국인이 평생 한 번은 방문하고 싶어 하는 곳이기에 의외로 교통사정은 좋다. 게다가 1997년 사망한 중국 최고 지도자 덩샤오핑[등소평鄧小平]이 생전 모든 중국인이

황산을 쉽게 오를 수 있도록 하라는 지시에 따라 수십 년에 걸쳐 황산 주변을 잘 정비해 왔기에 남녀노소 누구나 오를 수 있도록 되어 있다.

옥병, 운곡, 태평 케이블카는 도보로 2~3시간 걸리는 산행 거리를 불과 10분 정도로 단축시켜 준다. 당초 운곡 케이블카로 상행 후 태평 케이블카로 하산하기로 되어 있었는데 운곡 케이블카는 정비 때문에 이용할 수 없단다. 아쉽게도 운곡사, 백아령, 북해北海 코스를 볼 수 없음이 가뜩이나 당일 황산 관광 일정인데 수박 겉핥기식이 될 수밖에 없었다.

태평 케이블카는 총 길이가 3,709m로 100인승의 대형 케이블카인데 인원이 다 모여야 출발하는 단점을 가지고 있었다. 산 아래는 짙은 안개가 끼어 있어

외뿔소처럼 혼자서 가라

황산

산 위 정상 쪽은 화창하기를 빌었지만 천하의 비경이라는 황산은 오늘 우리에게 진면목을 보여 주지 않았다.

1년 중 200일가량은 짙은 안개로 인해 해가 꼭꼭 숨어버린다는 황산. 오늘 너무도 짙은 운무 때문에 제대로 된 황산을 볼 수 없었고 배운정排雲亭을 지나, 황산의 대표적인 기암괴석인 비래석飛來石 부근에서 잠깐 안개가 걷히는 사이에 몇 장의 사진을 남기는 것으로 만족해야 했다.

높이 12m, 무게 600톤에 달하면서 아찔하게 서 있는 비래석은 바람에 살짝 흔들리기도 한다지만 우뚝 솟은 바위가 넘어지지 않고 형태를 유지하는 모습은 신비롭기까지 했다.

서해대협곡은 자연이 만들어 낸 환상의 비경이자 황산의 가장 아름다운 절경이라고 하는데, 12월에서 3월까지는 안전을 이유로 폐쇄되어 가뜩이나 반쪽짜리 산행을 더 초라하게 만들어 주었다.

해발 1,841m의 광명정光明頂은 황산에서 두 번째로 높은 봉우리로 일출과 일몰의 명소라고 하는데 역시 운무 때문에 여기에서 황산의 주봉 연화봉도 보이질 않는다.

몽필생화, 흑호송, 후자관해, 영객송, 시신봉, 천도봉, 청량대, 서해대협곡 등 제대로 보려면 최소한 1박 2일에서 2박 3일 트레킹을 해야 하는데 반나절 산행으로 과연 황산을 보았다고 말할 수 있을까?

아쉬움을 남기고 하산 후에는 황산 온천 풍경구에 있는 온천에서 산행의 피로를 풀며 기회를 만들어 다음에 다시 황산에 올 것을 기약했다.

 2015년 12월 12일(토) | 제4일 |

휘주구의 잠구潛口마을에 있는 잠구 민택民宅은 명·청대의 가옥들이 모여 있는 민속촌으로 그 시대의 건축, 주거형태와 생활양식을 한눈에 볼 수 있었는데, 마두정이라는 독특한 지붕 양식을 가진 민가와 단정하게 정리된 논이 있는 작은 마을이었다.

오후 3시 15분 대한항공 KE818편은 2시간 15분 소요되어 오후 6시 30분 인천공항에 우리를 안착시켰다.

참고로 중국의 3산山은

안휘성 황산^{1,873m}, 강서성 려산^{1,133m}, 절강성 안탕산^{1,056m}

5악岳:Greatmountains[5대 명산의 총칭]은

山西산시省 북악北岳 항산恒山:2,052m,

山西산시省 서악西岳 화산华山:2,437m

河南허난省 중악中岳 숭산嵩山:1,512m

山東산동省 동악東岳 태산泰山:1,532m

湖南후난省 남악南岳 형산衡山:1,265m을 일컫는다.

4대 불교성지 명산은 다음과 같다.

아미峨眉산 [사천성] 3,077m 〈보현보살〉

오대五臺산 [산서성] 3,061m 〈문수보살〉

보타普陀산 [절강성] 284m 〈관음보살〉 [해상海上 불교성지]

구화九华산 [안휘성] 1,342m 〈지장보살〉

1990년 12월 유네스코에 의해 세계자연유산으로 등재된 중국 제일의 명산. 황산 72봉 중 얽힌 전설이 없는 봉우리가 없다고 하니 황산이 얼마나 신비롭고 아름답고 수려한 산세를 지닌 산인지 알 수 있다.

황산은 크게 위로 오르면서 앞산과 뒷산 코스로 나뉘는데, 최소한 1박 2일에서 2박 3일 트레킹을 해야 한다. 제대로 된 황산의 진면목을 보는 일은 다음 기회로 미루고, 짧았지만 모처럼 가족과 함께 한 해외여행에 커다란 의미를 두고 싶다.

인도네시아-배낭여행
자바 섬 & 발리 Java & Bali

#Java #Bali
2015. 8. 27 ~ 9. 4

자바 섬 & 발리

2015. 8. 27 – 9. 4 #Java
#Bali

열심히 일한 당신. 떠나라!

휴식休息! 잘 쉬는 것은 투자投資이다. 몸도 마음도 건강한 휴식을 통해 끊임없이 변화와 발전을 추구해야 한다. 상황을 읽을 수 있는 판별력判別力과 변화에 잘 반응하는 적응력適應力을 가진 사람이 되어야 한다.

누구나 행복幸福을 꿈꾸지만 아무나 행복을 가지지는 못한다. 행복한 미래는, 준비하고 계획하며 구체적으로 그려 나갈 때 현실로 다가오는 것이다. 인생을 제대로 사는 일은 결코 쉽지 않다. 하지만 두려워할 필요는 없다. 오는 것 막지 말고 가는 것 잡지 않는 자세로 매 순간을 당당히 맞서 나가면 된다.

내 아내의 아시아나 마일리지를 이용4만 마일 공제 + TAX 등 59,800원했다. 인도네시아 수도 자카르타 IN 발리 OUT의 9일간 배낭여행은 당초에 내가 예약하였던 배낭여행사 인도소풍의 '인도 북부 라닥 에코투어 10일' 모집 고객 인원 부족으로 여행 자체가 취소되는 바람에 갑자기 인도네시아로 여행지를 급선회하게 된 것이었다.

물론 그전부터 가 보고 싶어 했던 준비된 여행지여서 호텔 등 일사천리로 모든 예약이 마무리되었다. 열대 우림, 적도의 섬나라 인도네시아의 속살은 어떨까? 짧지만 알찬 2015년 늦여름 내 배낭여행은 이렇게 시작되었다.

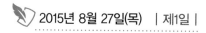 **2015년 8월 27일(목)** | 제1일 |

공항에서 USD $500를 환전하니 613,000원이다. 이번 여행에 필요한 총알을 준비하고 면세점에서 아내 생일선물용으로 스와로브스키 목걸이/귀걸이/팔찌 세트를 구매했다. 그리고 며느리 선물용 귀걸이도 같이 샀다. 인도네시아 왕복 항공권 발권액만큼인데 과연 아내가 좋아해 줄지….

- 아시아나항공 OZ 761편은 인천공항 17:15 출발
- 자카르타 공항 22:15 도착
- 7시간 소요, 시차 2시간

입국심사를 하는데 당초에 알고 있었던 도착 비자비 USD $35를 받지 않고 그냥 통과시켜 준다. 뒤에 알고 보니 올해 7월부터 비자비가 면제됐다고 한다.

단, 자카르타^{Jakarta}만!

족자카르타^{Yogjakarta}로 입국하는 사람들은 $35를 내고 도착 비자를 받았다고 한다. 환전소에서 우선 USD $200 환전을 하니 인도네시아 화폐인 루피아^{IDR}로 Rp.2,768,000를 건네준다. 금액단위가 커서 처음에는 헷갈렸지만, 한국 돈으로 환산하면 뒤의 0만하나 빼면 된다. 예를 들면 1백만 루피아^{Rupiah}=10만 원!

티켓 택시를 이용^{Rp.150,000=15,000원} 미리 예약한 공항 인근 POP! Airport Jakarta Hotel^{1박 $27.6=33,600} 원로 이동하였는데, 이동 거리에 비해 요금은 비싼 편이었지만 늦은 밤에다 인도네시아어를 전혀 못해 다른 대안은 없었다.

애당초 Wake-up Call를 신청했지만 새벽부터04:45 확성기를 통해 기도시간임을 알린다. 그래 여긴 약 90%가 이슬람교를 믿는 무슬림Muslim 국가이지!

인구는 2억5천만 명 이상. 중국, 인도, 미국 다음가는 인구 4위의 국가이다. 적도를 중심으로 5개의 큰 섬과 그 주변 섬 17,000~20,000여 개가 동서로 길게 펼쳐져 있는 한반도의 9배가 넘는 엄청 큰 나라이기도 하지!

아침 7시. 호텔에서 공항행 무료 셔틀버스를 이용, 국내선 공항에 도착해서 족자카르타행 티켓을 알아보는데 의외로 비행편이 많지도 않고 좌석도 없다. 12:10발 가루다 항공은 비즈니스석만 있다고 하는데 값이 너무 비싸고편도21만원정도 14:40발 에어아시아 티켓Rp.1.096.900: 한화 11만 원 정도은 비싼 감이 있지만 달리 다른 방도가 없어 '울며 겨자 먹기'로 발권을 했다. 한국에서 미리 발권했더라면 돈과 시간 낭비를 막을 수 있었는데 내 나태함과 무사안일 때문인데 어쩌랴!!

아침부터 오후 출발시간까지 국내선 공항3터미널에서 하염없이 죽치고 앉아 시간을 때울 수밖에 없었다. 에어아시아는 저가항공사여서 수화물 15kg까지만 무료이고 20kg까지는 1만 원을 더 내야 했기에 내 배낭 무게를 18kg에서 3kg을 줄여 절약을 시도한 것까지는 좋았지만 탑승 수속에서 문제가 생겼다. 보안검색에서 맥가이버 칼스위스제 빅토리녹스 칼이 발견된 것이다.

이런! 무거운 짐을 줄이는 과정에서 미처 칼을 빼내지 못했던 것이다. 그들은 내게 칼을 버리라고 종용했지만, 내 실수를 인정하고 그 나이프는 내겐 매우 의미있는 칼이라고 선처를 호소했다. 국내선이고 아직 탑승 시간도 많이 남아 보안요원에게 내 배낭에 그 칼을 넣어달라고 사정사정했더니 내가 불쌍하게 보였나!

화물칸으로 가서 내 배낭을 찾아 칼을 넣어 주겠단다. 내가 사례하겠다고 하자 그는 손사래를 쳤지만 10만 루피아를 꾸겨 넣어 주었다. 돈 1만 원을 절

감하겠다고 시도했지만 결국은 1만 원이 나간 셈이다. 국제선 같으면 어림없는 일이었지만 국내선에다 다소의 융통성 때문에 15년간 애지중지愛之重之해 온 칼을 되찾을 수 있었다. 배낭여행에선 예기치 못한 일도 생기는 법!

해프닝happening이 있어 여행이 더 의미심장意味深長해지기도 한다. 에어아시아는 1시간 비행 거리를 30분이나 더 연착해서 나를 족자카르타족자에 내려 주었다. 미리 예약한 큐브Cube호텔까지는 티켓 택시를 이용했는데 다소 먼 거리에 교통체증이 보통이 아니어서 해가 뉘엿뉘엿 넘어갈 즈음에 겨우 도착했다.

- 큐브Cube호텔 – $27.5×2박/67,100원
- 티켓 택시 이용 – Rp.80,000=8천 원

여행자 거리인 프라위로타만Prawirotaman으로 가서 이틀 후, 2박 3일짜리 화산 투어를 Rp.875,000=87,500원에 예약을 완료하였다. 여정에 있어 중요한 첫 단추를 잘 꿰었다는 자축과 함께 빈탕Bintang 맥주4.7%를 마셨는데 우리 맥주처럼 그저 밋밋한 맛이었다.

　　아침 일찍부터 크라톤^{Kraton} 왕궁을 찾아 나섰는데 입장시간이 9시부터라고 해서 들어갈 수 없었다. 왕궁은 이 지역지도자 술탄^{Sultan}이 실제 거주하는 곳이라 관람 시간이 짧게 지정되어 있었다.

　　근처에 있는 물의 궁전^{Water castle}인 따만사리^{Taman Sari} 역시 입장시간이 9시라 그저 외곽만 바라보고는 베짝^{Becak: bicycle-rickshaw, 베트남의 씨클로, 인도의 릭샤와 같다}을 타고 배낭여행자에겐 족자^{Yogja}의 중심가인 마리오보로^{Malioboro} 거리를 따라 소스로위자얀^{Sosrowijayan} 골목에 내려 보로부두르행 직행버스를 탈 수 있는 마겔랑 거리까지 또 다른 교통편을 알아보니 한 사내^{Saliman, 60세}가 오토바이로 갈 수 있다고 자기가 안내하겠단다.

　　결국은 그의 오토바이로 보로부두르, 프람바난 1Day Tour에 합의^{Rp.350,000}했다. 1시간 남짓 이동하며 족자 인근의 시골 풍경을 즐길 수 있었는데 오토바이 뒷좌석에서 바라보는 시선 역시 색다른 경험이었다.

　　보로부두르^{Borobudur}는 세계 3대 불교유적지^{미얀마 바간/캄보디아 앙코르 와트}이자, 단일 석조 불교건축물로는 세계 최대이다. 유네스코 세계문화유산이자 7대 불가사의 중 하나이기도 하다. 사일렌드라^{Sailendra} 왕국이 750년부터 850년 사이에 완성했다고 알려졌는데, 높이 23cm의 안산암 1백만 개를 접착제 없이 쌓아 올려 만들었다고 한다. 그 많은 것을 어떻게 가져와서 쌓아올렸는지 모두 불가사의^{不可思議: Mystery}하다.

1814년에 발견된 이 사원은 15층 빌딩 높이에 하층은 정사각형^{118m×118m}의 6층 기단, 중층은 원형 3층으로 72개의 불탑이 있고 상층은 거대한 불탑 하나^{Stupa}로 조성되어 있다.

회랑을 따라 시계방향으로 10층 3단을 돌아 올라가면 불상은 504개, 부조만도 1,500여 개, 그 거리가 무려 5km에 달한다고 하니 '깨달음을 얻는 곳'이라고 하는 현지인들의 말이 맞는 것 같다.

정상에서 보면 열대평야가 펼쳐지고, 멀리로는 메라피^{Merapi} 화산^{2,911m} 등 고봉들이 사원을 에워싸고 있었다. 세계에서 가장 아름다운 힌두^{Hindu} 사원 중 한 곳이라는 프람바난^{Prambanan}은 47m 높이의 시바^{Shiva} 신전과 좌우의 브라흐마^{Brahma}와 비슈누^{Vishnu} 신전은 불꽃이 타오르는 듯한 신비로운 외양을 하고 있었다.

- 보로부두르^{Borobudur} – 입장료 Rp.250,000
- 프람바난^{Prambanan} – 입장료 Rp.225,000

외뿔소처럼 혼자서 가라

자바 섬 & 발리

보로부두르보다 50년쯤 뒤인 9세기 중엽 조성된 것으로 알려진 이 사원은 유네스코 세계문화유산으로 1991년 지정되었다. 프람바난 사원은 이미 인도를 배낭여행 하며 힌두 신전을 많이 보아왔던 내게 그리 큰 감흥은 주지 못했다. 다시 숙소로 돌아와 프라위로타만 여행자 거리 카페로 가서 여러 종류의 인도네시아 맥주인 빈탕^{47%}과 발리 하이^{4.85%}, 앙커^{4.9%} 등을 맛보고, 레게 라이브^{live} 공연을 즐기며 족자^{Yogya}에서의 마지막 밤을 보냈다.

 ## 2015년 8월 30일(일) | 제4일 |

아침 7시 30분. 숙소에서 미니버스 편으로 브로모^{Bromo:2,392m} 화산 입구 마을까지 12시간여 길고 긴 이동이 시작되었다. 수라바야^{Surabaya}를 거쳐 프로보링고^{Probolinggo}에 도착하여 현지 여행사에서 투어 인원 체크 후 다른 고물 버스로 1시간여를 달려 화산 입구 숙소에 도착, 말이 호텔이지 침대 하나에 변기 하나 달랑 있는, 단지 내일 새벽 출발을 위한 잠만 자는 곳이다. 해발 2,000m 정도 되는 곳이라 밤에는 상당히 추웠다. 겉옷을 입은 채로 삐걱거리는 고물 침대에서 한기를 온몸으로 느끼며 쪽잠을 청했다.

 ## 2015년 8월 31일(월) | 제5일 |

새벽 3시 30분. 브로모 화산이 잘 보이는 페난자칸^{Penanjakan:2,706m} 산 전망대까지 사륜구동 지프를 타고 1시간 정도 올라가니 좋은 View Point에는 이미 많은 사람이 선점하여 일출을 기다리고 있었다. 아직 해가 뜨려면 한참 남아있어 어둠 속에서 여러모로 카메라 노출과 감도 등을 바꿔가며 화산 사진을 찍는데 도무지 좋은 사진 1장이 나오질 않는다.

일출 후에야 비로소 몇 장의 괜찮은 사진을 건질 수 있었지만, 썩 만족스럽지는 않았다. 추위와 어둠 속에서 고생한 것에 비하면 소득은 거의 없는 셈이다.

다시 지프를 타고 하산하여 브로모 화산 Walking Area에서부터 걸어서 화산 분화구Crater로 올라갔는데 탐방객의 발걸음과 말 몰이꾼이 일으키는 많은 미세 먼지와 화산재 때문에 마스크와 보안경 지참은 필수적이었다.

• 브로모 화산 입장료 Rp.220,000

이젠Ijen 화산에서도 유황 냄새 때문에 마스크와 보안경이 필요했는데, 화산 투어에서는 반드시 준비해야 할 품목들이다. 브로모2,392m 화산은 40분마다 한 번씩 증기를 내뿜으며 지구가 숨 쉬고 있다는 것을 보여주는 현지인들에겐 '신神'의 산으로 추앙받는 곳이다.

화산 주변 모습을 사진과 동영상으로 남기고는 숙소로 내려와 좀 쉬다가 아침 9시 30분. 다시 고물 버스 편으로 프로보링고 투어 에이전시에 도착, 다시 이젠Ijen 화산행 사람들17명을 모아 미니버스 한 대에 탑승, 이젠 화산 아랫마을을 향해 출발했는데 오후 3시. 중식을 위해 정차한 식당에서 타이어 펑크를

발견, 타이어 교체하고 펑크를 때우는데 1시간 30분여 소요되었다. 그런데 기사나 가이드 이 친구들은 전혀 미안해하는 기색도 없다. 당연한 듯 달리는 차 내에서 흡연지를 않나!

고객을 위한 배려는 눈곱만큼도 없다. 관광 선진국으로 가려면 아직 한참 멀었다. 환경오염도 도가 지나쳐 매연은 기본에 쓰레기 투기는 필수, 시골 마을 시궁창에는 쓰레기로 넘쳐 났다. 제법 늦은 시간에 숙소에 도착했는데 어제 그곳보다는 시설이 좀 낫다. 무엇보다 온수 샤워를 할 수 있다는 것이 다행이었다. 내일 화산 투어는 새벽 4시에 시작되기에 컨디션 조절에 상당히 신경을 썼다.

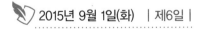 2015년 9월 1일(화) | 제6일 |

새벽 4시에 Sempol 숙소에서 출발, 1시간여 차량이 올라갈 수 있는 마지막

인 Paltuding Post까지 미니버스로 이동 후 이젠
Ijen:2368m 화산까지는 3Km, 도보로 1시간 30분 정
도 소요되었다.

- 이젠 화산 – 입장료 Rp.200,000

새벽 찬 공기 속에 유황 냄새가 진동한다. 손수건
으로 코를 막으며 정상을 향해 나아가니 신체가 적
응해서인지 그럭저럭 버틸만하다. 순도 99% 세계 유
일의 유황Sulphur 광산과 녹색 칼데라Caldera, 분화
구Crater가 보여주는 진기한 풍경을 카메라에 담았
다. 무게가 엄청 나가는 유황을 나르는, 저임금에
피로에 찌든 인부들의 모습에서 인도네시아의 현실
을 직시할 수 있었다.

아침 8시. 화산 투어를 마치고 발리Bali행 페리를 탈 수 있는 케타팡Ketapang
으로 향했다.

- 발리 덴파사르행 – 페리와 버스 비용 Rp.125,000

마치 강화 외포리에서 석모도 석포리까지 도
선하는 것처럼 큰 배에 버스를 싣고 1시간 정도
소요된 후 페리Ferry에서 빠져나와 해변을 끼고
한참을 달려 발리 섬의 주도 덴파사르Denpasar
버스터미널에 도착하니 오후 2시 30분.

이곳은 자바Java 섬 자카르타와 시차가 1시
간 있어 오후 3시 30분으로 시곗바늘을 돌려야

했다. 신기하게도 중국 베이징과 같은 시간대. 미리 예약한 짐바란Jimbaran 비치Beach의 숙소Sari Segara Resort까지는 택시를 이용하였는데 교통체증이 상상을 초월한다. 평소 같으면 30분도 안 걸린다는 그리 멀지 않은 거리임에도 무려 1시간 30분이나 걸려 숙소에 도착했으니….

• 짐바란 비치의 숙소 – $32×2박/77,700원

좁은 도로에 넘쳐나는 오토바이들, 건설 공사 중, 힌두 행사 등 엎친 데 덮친 격으로 교통체증을 부채질하고 있었다. 특히 오토바이들은 마치 먹이를 찾은 매처럼 조그만 틈만 있어도 쏜살같이 빠져나간다. 차량과 오토바이가 뒤섞여 난장판이 따로 없었다. 숙소에 체크인하자마자 바로 해변으로 나가 짐바란 해넘이를 카메라에 담았다.

저녁 8시에는 바닷가로 나와 한 해산물 전문점 야외 테이블에서 해산물 모듬요리와 맥주^{Rp.600,000}, 발리 민속공연을 즐기며 그동안의 피로를 해풍에 날려 보냈다.

🖋 2015년 9월 2일(수) | 제7일 |

늦잠을 자리라 다짐했건만 여전히 새벽에 눈이 떠진다. 뒤척거리다 벌떡 일어나 짐바란 비치의 아침을 카메라에 담았다. 낚시하는 사람들, 조개 캐는 사람들, 조깅하는 사람들, 저마다의 방법으로 그들의 아침을 시작하고 있었다.

짐바란 베이^{Bay} 끝에서 끝까지 오전 내내 어슬렁거리며 발리 사람들 사는 모습을 기웃거렸다.

오후에는 숙소에서 수영도 하고, 낮잠도 즐기고 모처럼 망중한을 즐겼다.

외뿔소처럼 혼자서 가라

자바 섬 & 발리

아침 9시, 렌트카를 이용 1 Day Tour[Rp.550,000]에 나섰다. 미리 예약한 오늘의 기사는 아스따와^{Agung Astawa: 35세}인데 슬하에 딸12세과 아들8세을 두고, 이 친구 부인은 하나 투어 한국어 가이드라고 한다.

- 렌트카 이용 1 Day Tour – Rp.550,000

인도네시아는 국민 90%가 이슬람을 믿지만, 발리 사람들은 대부분 힌두 신자이다. 그들만의 독특한 문화가 살아 숨 쉬고 있고, 고유어인 발리어가 아직도 남아있는 '신神들의 섬'이다. 먼저 발리 최남단 부낏반도의 높이 75m 절벽 위에 위치한 울루와뚜^{Ulu Watu} 힌두 사원을 찾았다.

• 울루와뚜 힌두 사원 - 입장료 Rp.20,000

바다의 여신 데위다누의 배가 변한 것이라고 전해지는 절벽 위 사원은 발리 7대 명소 중 한 곳으로, 절벽 위에서 보는 인도양의 모습은 절경 그 자체이다.

영화 '빠삐옹'의 배경이자, 드라마 '발리에서 생긴 일'이 촬영된 곳이어서 그런지 관광객으로 넘쳐나고 있었다. 빠당빠당 비치Padang Padang Beach는 조그만 해변이지만 서퍼Surfer들에겐 최적의 해변이라고 한다. 줄리아 로버츠 주연 영화 'Eat, Pray, Love' 개봉 이후 유명세를 많이 타고 있었다.

따나 롯Tanah Lot은 바닷가에 지어진 힌두 사원이다. '따나'는 땅을, '롯'은 바다를 뜻한다고 하는데 썰물 때는 땅과 이어졌다가 밀물 때는 작은 섬이 되는 사원이다. 내가 찾았을 때는 밀물 때여서 사원에 파도가 하얗게 부서지며 포말이 바람에 날리고 있었다.

• 따나 롯Tanah Lot — 입장료 Rp.30,000

꾸따Kuta 지역으로 이동 후 2시간짜리 오일 마사지를 받으며 시간도 때우고, 심신의 피로도 풀었다. 꾸따에서 해넘이를 보았는데 짐바란의 그것과는 비교도 안 될 정도이었다. 물론 다른 일몰 포인트가 많겠지만 짐바란 해넘이는 인

상적이었다.

　저녁 7시. 응우라라이 공항에 도착. 출발 시간까지는 7시간 20분이나 남았다. 한국까지 비행시간 7시간보다 더 긴 시간이다. 아시아나 마일리지 항공권 때문에 선택의 여지가 없었지만, 배낭여행 15년 만에 이런 늦은 시간에 비행기 타 보기는 처음이다.

🦅 2015년 9월 4일(금)　ㅣ제9일ㅣ

　한밤중인 02:20 발리 덴파사르 출발, 아침 10:20, 7시간 걸려서 인천공항에 도착했다.

Epilogue

#Indonesia
#Java
#Bali

　일주일간의 짧은 일정으로 그 큰 자바^{Java} 섬을 일주하고, 제주도 보다 3배나 큰 발리^{Bali} 섬에서는 아랫부분을 휘리릭 돌아다녔다. 이번 여행은 주목적이 보로부두르 탐방과 화산 투어, 발리에서의 휴식이었기에 원하는 바를 다 이룰 수 있었다.

　짧지만 알찬 배낭여행이었다고 감히 자평할 수 있다. 세계 3대 불교유적지^{보로부두르/바간/앙코르 와트}, 세계 3대 폭포^{이구아수/빅토리아/나이아가라}를 그동안 돌아보았다. 남에게 보이는 여행을 떠나 이제부터는 나 자신을 향한 진정한 여행을 천천히 하고 싶다.

　올해로 해외 배낭여행 15년간 59개국에 내 발자취를 남겼다. 앞으로는 내 나이 들어가는 것만큼의 나라들을 여행하고 싶다. 물론 '비움과 채움'이 조화를 이루는 내면으로의 진정한 여행도 포함되어야 하겠지!!

181
에필로그

남아메리카 -배낭여행
남미 5개국 The South America 5 Countries

#Peru #Bolivia #Chile #Argentina #Brazil
2014. 6. 29 ~ 7. 25

SOUTH AMERICA

남미 5개국

2014. 6. 29 – 7. 25

The South America 5 Countries
#Peru #Bolivia #Chile #Argentina #Brazil

우리는 때 묻은 현실에 살고 있으면서도 때 묻지 않은 꿈을 향해서 걸어가고 있다. 어제도 그랬고 오늘도 그렇고 내일 역시 마찬가지로 우리는 한결같은 소망으로 살아갈 것이다. 소망所望: wish은 우리에게 기쁨이자 강인한 용기이며, 새로운 의지意志: will이기도 하다. 어릴 적부터 나의 소망이었던 – '세계 일주'

[My dream is to travel=I wish I could travel around the world.]

비록 주마간산식, 수박 겉핥기식이지만 이번 남아메리카 배낭여행을 통해 14년 만에 그 뜻을 이루게 되었다. 우리 인생에 있어 경험은 더없이 소중하다. 지우개 없이 단 한 번으로 완벽하게 스케치를 할 수 없는 것처럼 한 번의 실패도 없는 인생이란 없다.

지난 14년간 58개국 세계 일주 배낭여행에서의 일관된 내 화두는 '여행을 통한 내면의 자아自我: ego로부터 자신의 자각自覺'이었다. 삶의 성공에 특별한 비결이란 없다. 성공의 기회는 평소에 스스로 성공의 그물을 짜며 준비한 '준비된 자'에게 주어지는 것이다. 당초에 배낭여행 전문여행사 '인도로 가는 길' 단체 배낭여행을 통해 보다 쉽고 편하게 남미 배낭여행을 마치고 싶었으나, 내아내는 내 세계 일주 배낭여행 대단원의 막을 혼자 내려보라며 미지의 남미 세계로 나의 등을 떠밀었다.

 2014년 6월 29일(일) | 제1일 |

인천국제공항을 오후 4시 30분 출발한 아메리칸항공 AA280편은 13시간여

184
외뿔소처럼 혼자서 가라

비행 끝에 미국 댈러스^{Dallas} 국제공항에 도착했다. 우선 미국 입국 수속 절차를 거쳐야 하는데 미국 전자비자^{ESTA} 시스템에 따라 자동화기기로 개별 수속을 밟게 되었다^{한국에서 사전 승인하면 US $4 결제이며 한국어로 이용 가능}. 그 이후에는 세관 및 국경보호국^{CBP}에서 출국 수속 절차를 진행하여 댈러스 공항으로 다시 나와 Check-In 수속 후 페루 리마^{Lima}행 환승을 위해 1시간여의 기다림 끝에 현지 시간 오후 5시 30분 리마행 항공기^{AA980}에 몸을 싣고 댈러스에서 거의 하방 직선으로 7시간 정도 비행 후 리마 호르헤 차베스^{Jorge Chavez} 국제공항에 도착하니 한밤중인 오전 0시 30분이었다. 댈러스행은 승객으로 가득 찬 데다가 좌석배치^{2열/5열/2열}도 제일 가운데 쪽으로 배정받아 좁은 공간에서 13시간을 웅크리고 오니 이만저만한 고역이 아니었는데, 다행히 리마행은 승객이 별로 없어 다소 편하게 올 수 있었다.

2014년 6월 30일(월) | 제2일 |

리마에 한밤중에 도착하였기에 구시가지 센트로^{Centro}에 있는 호텔^{Continental:} ^{1박 US $31}로 가기 위해 출국장 바로 앞에서 택시 바우처^{Voucher}를 끊어서 공항 인증택시를 이용하게 되었는데 요금이 무려 US $45^{126솔Sol: 한화 46,620원}이다.

저렴하게 센트로로 갈 수 있는 방법을 찾기에는 치안상태가 좋지 않은 공항 밖을 배회하거나 미인증 개인 영업택시를 타는 것이 현명한 선택이 아니기에 비싸지만 어쩔 수 없는 선택이었다. 사실 다음 번 공항으로 돌아올 때는 택시비로 50솔을 주었으므로 2.5배의 요금이 든 셈이다.

페루^{Peru} 택시는 미터기가 없으므로 항상 흥정해야 하는데 현지 가격에 어둡고 특히 스페인어를 못하는 여행객은 바가지를 쓸 수밖에 없는 시스템이다.

새벽에 눈을 뜨니 가랑비가 내린다. 호텔이 구시가지 번화가 길가 쪽에 있다 보니 소음이 상당히 심한 편이라 숙면은 포기해야 할 것 같다. 아침 9시. 호텔 Travel Advisor를 통해 내일 쿠스코^{Cusco}행 항공편을 예약^{US $186}하였는데 커미션 10%를 요구하기에 US $200을 계산하였다. 예약 시 보통 10% 내외의 수고비는 관행인 것 같다.

숙소가 산 마르띤 광장^{Plaza de San Martin} 바로 옆이라 이곳에서 시작하여 '리마의 명동'이라는 우니온 거리^{Jiron de la Union}를 따라 올라가니 센트로의 중심 아르마스 광장^{Plaza de Armas}이 나온다.

대성당^{La Catedral} 앞에서 줄지어 서 있는 꼬마들을 카메라에 담고는 산 프란시스코^{San Francisco} 교회로 들어가니 미사 중이라 여러 모습을 촬영하고는 대통령 궁^{Palacio de Gobierno} 주변을 이리저리 둘러보았다.

건물 앞 광장에서 대통령 궁 경비병 교대식이 11시 30분부터 시작되었는데 먼저 군악대의 각종 연주가 30분 있는 다음, 본격적인 교대식은 정오부터 20분여 진행되었다. 관악 위주의 군악대 연주와 절도 있는 옛 복장의 경비병들 모습을 관광객들은 길 건너편에서만 볼 수 있었는데, 건물 내부 가이드 투어는 별도로 신청해야 한다고 한다.

미라플로레스^{Miraflores}는 '리마

Lima의 강남' 즉 신시가지 지역이다. '미라=보다 플로레스=꽃'라는 지명은 이곳이 매우 아름다운 해변이라는 의미로 받아들여진다. 리마는 해안 사막 지역인데 미라플로레스 이곳은 해안 충적 단구 지역이라 해안 쪽 절벽에서 100m나 솟아오른 충적층에서 그 흔적을 볼 수 있었다.

버스를 이용하여 미라플로레스로 이동하려고 이리저리 물어보고 승차했는데 내가 원하는 목적지에 대한 언어가 전혀 통하지 않아 중간에 도중 하차 후, 택시[13]솔를 타고 사랑의 공원Parque de Amor에 내렸다.

태평양이 훤히 보이는 해안 절벽 위에 만들어진 작은 테마공원인 이곳은 두 연인이 키스하는 동상과 하트 모양 창문으로 연인들과 신혼부부들에게 인기가 좋다고 한다. 절벽 아래 방파제로 내려오니 마치 '부산 태종대 자갈 마당'처럼 둥근 자갈 해변이 끝없이 이어지고, 팔각형 지붕이 예쁜 레스토랑 '로사 나우띠까La Rosa Nautica'가 있어 태평양을 마음껏 느끼며 한가로운 오후 시간을 보냈다. 택시를 이용[20]솔 다시 산 마르띤 광장으로 돌아와서 페루의 유명한 맥주 꾸스께냐Cusquena로 목을 축였다.

🪶 2014년 7월 1일(화) | 제3일 |

아침 7시 30분 호텔 Check-Out 후 콜택시 편으로 공항으로 이동하는데 교통체증이 상당히 심하다. 불법 U-Turn은 기본이고 끼어들기 등 온갖 안 좋은 교통 행태를 보이고 있었다. 일상사인 듯 운전기사는 지름길을 찾아 이리저리 헤맨 끝에 그리 늦지 않은 시간에 공항에 도 착했다. 쿠스코로 향하는 항공편은 이곳의 날씨와 바람 때문에 대부분 오전 비행편이 집중되어 있었다. LAN 항공 LA2027편리마 에서 9시 45분에 출발, 쿠스코에 11시 5분에 도착했다. 창공에서 바라보이는 안데스 산맥 의 위용은 대단하다. 비행경로가 산맥을 따 라 이어지는지 이륙 후 한참을 가도 끝없는 산맥의 연속이었다.

기내에서 내려다보이는 쿠스코는 분지 가 운데 도시가 형성되어 있었다. 택시를 이용 20솔 우선 볼리비아 영사관을 찾아 볼리비아 비자를 신청했다. 미리 준비한 비자 발급서 류를 제시하니 얼마 걸리지 않아 비자가 나 왔는데, 영사관 벽에 붙여진 비자발급 신청 서류는 다음과 같다.

- Tourist Visa Reruirement
- Passport Valid for at least 6 month유효한 6개월 이상의 여권
- Passport copy, part of the identification여권 사본
- Yellow fever certificate황열병 예방접종서 사본
- Credit card copy신용카드 사본
- Travel itinerary copy항공권 여정 사본
- Hotel reservation in Boliviacopy 볼리비아 숙소 예약증 사본
- 1 passport photo여권 사진 1장
- The procedure is personal.

볼리비아 영사관 주소는 Consulado de Bolivia: AV. Oswaldo Boca 101, Cusco 업무시간은 월−금요일 오전 8시−오후 3시 30분이었고, 참고로 한국에서 비자를 받으려면 비자수수료 10만 원을 내야 하기에 현지에서 직접 받는 것이 현명하다.

쿠스코 여행의 출발점이 되는 중심 광장은 아르마스 광장Plaza de Armas이다. 이곳은 잉카Inca 시대부터 아우까이빠따Haucaypata로 불리던 통치의 중심지였는데 현재의 모든 아름다움은 잉카 유적을 모두 파괴한 폐허 위에 세운 에스파냐 침략자들의 것이니 새삼 세월의 무상함을 느꼈다.

센트로에 남아 있는 잉카의 흔적이라고는 돌로 만든 석축뿐, 나머지는 모두 식민시대의 유산들이었다.

아르마스 광장 골목에 위치한 한인식당 '사랑채'에 들러 점심 식사 후 향후 숙소와 여행일정을 확정했는데,

- 사랑채 민박 3일 숙박US $15×3 및 조식US $5×3
- 7월 2일 근교 1일 투어모라이/살리네라스
- 7월 3−4일 성스러운 계곡 및 마추픽추 1박 2일 투어 및 호텔1박
- 7월 5일 푸노Puno행 버스표까지 모두 US $420에 해결

여기는 2천 미터 이상의 지대가 높은 곳이라 아직 고도적응이 안 되는지 머리가 띵하다. 오늘은 샤워도 하지 말고 푹 쉬라는 조언에 따라 일찍 숙소^{민박 3인실}로 돌아왔다. '사랑채' 민박의 좋은 점은 침대에 전기장판을 깔아줘 추운 밤에도 아주 따뜻하게 잘 수 있다는 점이었다. 향후 이런 따뜻함을 느껴보지는 못했다.

📝 2014년 7월 2일(수) | 제4일 |

친체로 와 우루밤바^{해발 2,871m} 사이에 있는 마라스^{Maras} 라는 작은 마을에서 한참을 달리면 움푹 파인 계곡 아래 동심원 계단 모양으로 석재를 쌓아 놓은 모라이^{Moray}가 나타난다. 마치 우주선 착륙장 같은 이곳은 잉카의 계단식 밭인 안데네스를 독특한 모양으로 만들어 놓은 곳으로 부족한 농지 해결을 위한 계단식 농법과 고도에 적합한 작물을 기르는 실험을 했다고 전해지는 '농경기술 연구소'라고 한다.

안데네스^{Andenes} 각 층의 높이는 대략 사람의 키 높이 이상으로 석벽 옆에는 돌출된 돌계단이 있어 통로 구실을 하고 있었다. 모라이 가장 아래쪽 동심원 중앙에는 강한 태양의 기운을 느낄 수 있다고 하는데 실제 많은 관광객은 누워서 나름대로 기氣를 느끼고 있었다.

마라스 마을에서 다시 비포장도로를 달려 우루밤바 계곡으로 내려가는 끝
자락에 닿으면, 황토색 계곡 사이를 온통 하얀색으로 도배한 잉카의 천연염전
살리네라스^{Salineras}가 나타난다.

암염이 녹아든 물을 계단식으로 가둔 다음 햇빛으로 증발시켜 소금을 수확
하는 이곳은 안데스 산맥을 생활터전으로 삼은 잉카인들에게는 귀중한 국가
자원이었고, 그래서 이 소금을 '태양의 선물'이라고 부르기도 했다고….

지금도 옛날과 같은 방식으로 소금을 생산하고 있다고 하는데, 천연소금인
만큼 미네랄이 많아 자연 치유에 효과가 좋다고 했다.

외뿔소처럼 혼자서 가라

    잉카Inca의 흔적을 찾아 떠난 쿠스코Cusco 근교여행 이틀째. 오늘은 좀 더
멀리 떨어진 '성스러운 계곡Valle Sagrado de los Incas' 투어이다. 6천 미터 이상의
높은 산들 아래로 유유히 흐르는 우루밤바Urubamba 강을 끼고 있는 계곡 마
을들. 삐삭Pisaq에서 시작되는 우루밤바 강은 오얀따이땀보를 지나 마추픽추
아랫마을인 아구아스 깔리엔떼스를 넘어 멀리 아마존 지역까지 이른다고 한
다. 안데스 사람들은 옛날과 다름없이 살아가고 있는 듯했는데, 옥수수 등을
재배하는 들판과 흙벽돌로 지은 집들 사이를 지나다 보니 잉카 시대의 대표적
유적들이 마치 숨바꼭질 하듯 나타나곤 했다.

    오전 11시. 삐삭 유적지에 도착. 입장권을 70솔에 구매하고 유적지를 둘러
보았는데 역시 계단식 농경지와 신전, 잉카인 거주지 등이 있었고, 사람들은
이곳을 '작은 마추픽추small Machupicchu'라고 부르고 있었다.

오후 3시. 해발 2,600m 오얀따이땀보Ollan-taytambo에 도착했다. 돌로 만든 길과 벽, 수로와 구획 등 잉카시대에 만들어진 마을 형상을 그대로 간직한 '성스러운 계곡Sacred Valley' 투어의 중심마을인 이곳은 4천 미터 급 산과 들판을 따라 약 33Km를 걸어 마추픽추로 가는 '잉카 트레일'의 시작점이자, 마추픽추행 열차를 탈 수 있는 거점이기도 하다. 잉카시대에는 쿠스코 다음가는 중요한 곳이었다고 하는 여기 유적지에는 요새 같은 거대한 돌산과 계단, 종교적 구조물 등 다양한 석조기술의 흔적이 고스란히 남아 있었다.

아르마스 광장 한 까페에서 꾸스께냐Cus-quena 맥주를 마시며 저녁 7시 출발하는 마추픽추행 기차Expedition 75를 기다렸다. 페루레일Peru Rail 열차 내에서는 기내식처럼 차와 빵이 제공되었고, '철새는 날아가고El Condor Pasa'라는 우리 귀에 익숙한 노래가 흘러나온다. 엘 콘도르 파사Atahaupa Yupanqui는 잉카인들이 영혼의 새로 알려진 콘도르가 떠나 버린 텅 빈 산맥을 노래하는 내용으로, 그 피리 소리는 계곡 사이를 따라 우루밤바 강으로 퍼진다.

엘 콘도르 파사El Condor Pasa는 사이먼과 가펑클Simon&Garfunkel의 노래1970년와 폴 모리아Paul Mauriat 악단의 연주로 더욱 유명해졌지만 원래부터 잉카의 노래로서, 잉카의 원주민 지도자 '투팍 아마루 2세'를 기리기 위해 페루의 작곡가 로블레스가 1913년에 작곡한 오페레타 '콘도르칸키Condorcanqui'의 테마 음악이다.

우리에게 '아리랑'이 있다면, 잉카에는 '엘 콘도르 파사'가 있는 것이다. 콘도르는 '잉카인들의 영혼의 새 – 독수리'뿐만 아니라 '무엇에도 얽매이지 않는 자유'라는 뜻도 있다고 하는데, 사이먼과 가펑클의 노래 가사와는 전혀 다른 원래 잉카인들의 언어로 쓰여 있는 'El Condor Pasa' 내용은 다음과 같다.

Oh! Mighty Condor owner of the skies

오! 하늘의 주인이신 위대한 콘도르여

Take me home, up into the Andes, Oh! Mighty Condor

나를 안데스 산맥 위로 날아 고향으로 데려가 주소서

I want to go back to my native place to be with the Inca Brothers

나의 잉카 동포들과 함께 내가 살던 곳으로 돌아가고 싶습니다

This is what I miss the most, Oh! Mighty Condor

그것은 내가 가장 바라고 있는 것입니다. 위대한 콘도르여

Wait for me in Cuzco, in the main plaza

쿠스코의 광장에서 저를 기다려 주세요

So we can take a walk in MachuPicchu and HuanynaPicchu

그래서 우리가 마추픽추 산정과 와이나픽추를 거닐 수 있도록 해 주세요

오얀따이땀보Ollantaytambo를 떠난 열차는 1시간 45분여 걸려 아구아스 깔리엔떼스Aguas Calientes에 도착, 숙소를 찾아 들어가 내일을 기대하며 일찍 잠자리에 들었다.

 2014년 7월 4일(금) | 제6일 |

호텔 조식시간이 새벽 4시 45분부터이다. 마추픽추 유적지 입장시간을 고려한, 관광객을 위해 특화된 서비스인 것이다. 잉카의 잃어버린 도시 마추픽추 Machu Picchu.

세계에서 가장 아름다운 문화유산이자 1983년 유네스코 세계유산으로 지정된 곳. 쿠스코에서 북서쪽 110Km 해발 2,400m에 위치한 마추픽추는 께추아 어語로 '늙은 봉우리'라는 뜻이다. 정교한 석재기술을 사용, 1450년에 세워진 것으로 추정되는 잉카의 계획도시이며, 산 아래에서는 잘 보이지 않아 일명 '공중 도시'라 불리는 세계 7대 불가사의 중 하나이기도 하다.

참고로, 2014년 입장료와 입장객 제한은 다음과 같다.

- 마추픽추 only: 하루 2,500명 126솔/US $46
- 와이나픽추+마추픽추: 오전 7시~8시[1그룹] 200명/오전 10시~11시[2그룹] 200명150솔/US $54
- 마추픽추+몬타나Montana:3,082m산: 하루 400명140솔/US $51

    아침 6시 30분. 마추픽추행 셔틀버스로 20여 분 이동 후 대망의 유적지를 둘러보았다.

    유적 입구인 농경 지역에서부터 시작해서 각종 신전temple과 건물, 천문관측소 인티와타나Intiwatana, 주 광장 등을 돌아보고, 8시 30분부터 몬타나Montana 등반을 시작했다. 가파른 돌계단을 1시간 30분 올라가고 하산은 1시간여, 총 2시간 30분 걸려 11시에 마추픽추 서쪽 농경 지역 쪽으로 내려왔는데 올라갈 때 인적사항을 적고, 내려올 때도 역시 체크하여 등반객 수와 동향을 관리하고 있었다. 애당초 와이나픽추Huayna Picchu: '젊은 봉우리'/2,720m를 오르고 싶었으나 워낙 유명세를 타는 곳이라 몇 개월 전부터 입장권이 매진되는 탓에 차선책으로 몬타나Montana 산을 선택한 것인데, 몬타나 산행은 결코 녹록지 않았

다. 시종일관 급경사 돌계단의 연속이니 가쁜 숨을 몰아쉴 수밖에 없었으나, 쉴 만한 전망 좋은 곳에서는 마추픽추 사진을 다각도로 남길 수 있어 땀 흘린 보상은 충분히 받은 셈이다.

더 나이 들어 이 산행을 시도한다면 무릎에 무리가 올 것은 뻔할 것 같다. 한국에서도 산행을 거의 하지 않았는데 3,082m 몬타나 산 정상을 밟다니!!!

낮 12시 30분. 아구아스 깔리엔떼스로 내려와 손바닥만 한 동네를 이리저리 기웃거렸는데 마을 한복판을 철로가 관통하고, 모든 시스템과 초점은 관광객에 맞춰져 있었다. 오후 3시 20분 뽀로이Poroy 해발 3,486m행 기차에 승차했다. 이 기차는 Vistadome기차의 전망대이 있었다.

역시 기내식처럼 열차 내 식사가 제공되었고, 관광객을 위한 각종 이벤트도 진행되었으나 별 감흥은 없었다. 저녁 7시 5분 뽀로이역에 도착했으나 Pick-up 서비스를 제공한다던 기사가 나타나지 않았다. 할 수 없이 택시30솔편으로 쿠스코 숙소로 돌아와 뜨거운 물 샤워를 위해 온수를 틀었으나 이런! 고장이었다. 등반하면서 많은 땀을 흘렸고, 피곤한 몸을 위해서도 온수 샤워는 꼭 필요한 것인데 하필 이런 날 온수시스템이 고장이라니…… 냉수로 고양이 세수만하고 피곤함을 달래기 위해 한국에서 준비해 온 소주를 마시며, 마추픽추와 몬타나를 잘 둘러보았음을 자축했다.

2014년 7월 5일(토) ㅣ제7일ㅣ

아침 7시. 숙소 안주인이 픽업서비스 펑크에 대해 미안하다며 그쪽 회사에 지불할 돈 US $40를 나에게 되돌려준다. 온수 사용 불가에 대해서도 죄송하다며 거듭 사과하고는 점심으로 드시라고 김밥까지 손에 쥐여준다. 쿠스코 도착해서 지금껏 잘 지내고 있었는데, 사소한 착오 정도야 No Problem!!

아침 8시부터 오후 3시까지 까마^{Cama} 버스로 7시간 걸려 푸노^{Puno}에 도착했다. 버스터미널에서 우선 모레^{7월 7일} 출발 볼리비아 라파스행 버스표^{07:00 출발, 35솔}를 예매하고, 아르마스^{Armas} 광장 옆에 숙소를 정했다. ^{2박×90솔}

내일 티티카카 호수 1일 투어^{55솔}을 예약하고, 아르마스 광장과 리마^{Lima} 거리 및 삐노^{Pino} 광장을 돌아보고 막 해가 질 무렵 날개를 펼친 콘도르 상이 있

는 전망대^{Mirador}에 올라 푸노 시내와 티티카카^{Titicaca} 호수를 한눈에 내려다보
았다.

 2014년 7월 6일(일) | 제8일 |

잉카제국의 시조인 망꼬 까빡^{Manco Capac}이 강림했다는 전설의 호수 티티카
카^{Lago Titicaca}. 남미에서 가장 넓은 호수이자 인간이 살고 있는 세계에서 가장
높은 호수인 티티카카^{해발 3,812m}. 께추아 어로 '띠띠'는 퓨마를, '까까'는 호수를
뜻한다고 하는데, 제주도의 1/2 크기인 8,300㎢ 호수를 페루와 볼리비아가 중
앙부근에서 국경을 나누고 있다.

1일 투어는 우로스^{Uros}, 따낄레^{Taquile} 섬을 둘러보는 투어인데, 우로스 섬은
갈대로 만든 인공 섬으로 순수한 원주민을 만나러 간다는 환상만 버린다면
그들의 독특한 삶을 경험하는 계기가 될 것이다. 사실 나 역시 상업화된 우로
스 섬에서는 아무런 감정을 느낄 수 없었고, 오히려 관광객에 의지해 살아가는
그들에 삶이 불쌍하기까지 했다.

우로스 섬에는 태양열 전력시스템이 들어와 있었고, 모터보트까지 몇 척 정박해 있었다. 푸노에서 45km 떨어진 따낄레 섬은 진짜 섬이다. 고유언어인 께추아 어를 쓰는 원주민이 살고 있고, 뜨개질하는 남자들로 유명한 섬이기도 하다. 선착장에서 꼬불꼬불한 언덕길을 올라가며 섬 주위 풍광을 카메라에 담고, 중앙 마을에 도착하니 마침 미사가 있었다.

성장을 하고 줄지어 성당으로 들어가는데 남자가 먼저, 여자는 총총걸음으로 뒤를 따른다. 성당 내부 모습도 촬영하고 광장에서 한가로이 뜨개질하는 남자들 모습도 남기고, 섬을 한 바퀴 돌아 내려 올 때는 돌계단 길을 이용했는데 파노라마 panorama 처럼 펼쳐지는 호수의 아름다움을 볼 수 있었다. 우로스 섬은 상업주의의 표본이자 천민자본주의의 상징과도 같은 곳이었으나, 따낄레는 그들만의 문화와 생활 방식으로 잉카인답게 살아가고 있었다.

따낄레 섬에서 푸노 Puno 까지는 2시간 30분이 걸렸다. 지금이 겨울이고 건기라 일교차가 매우 심했는데, 아침저녁으로는 바람도 세게 불고 매우 추웠는데 낮에는 오히려 더위를 느낄 정도였다.

 2014년 7월 7일(월) | 제9일 |

페루 Peru 에서 잉카 Inca 의 흔적을 찾아 떠돌던

짧지만 알찬 일정을 끝내고 오늘은 볼리비아^{Bolivia}의 수도 라파스^{La Paz}로 이동한다. 큰 일교차와 숙소에서의 따뜻하지 못한 침대 때문에 밤마다 그럭저럭 추위를 버텨왔으나 이제부터는 침낭을 매일 활용해야 한다. 해발고도 4천 미터 급 지역에서의 밤! 한번 상상해 보라!!

아침 7시, 라파스행 버스에 올랐다. 2시간 30분 걸려 국경에 도착하여 출국/입국 수속을 마치고 다시 버스에 승차 10시 10분 출발, 20분 만에 코파카바나 Copacabana에 도착했다.

그곳에서 오후 1시 30분 다른 버스 편으로 라파스로 향한다기에 2시간 동안 해변과 시내 중심가, 성당 등을 돌아다녔다.

• 볼리비아와의 시차는 − 13시간: 버스로 10시 30분 도착했지만, 현지 시간 인 11시 30분으로 시곗바늘을 돌렸다.

202

외뿔소처럼 혼자서 가라

• 200US$를 볼리비아노^{Boliviano: Bs}로 환전: 1US$=6.8~6.9Bs/1Bs=한화 150원

내가 타고 온 버스는 다시 페루로 돌아가고, 라파스행 볼리비아 버스로 이동 하는데 오후 2시 20분. 티티카카 호수를 건너야 했다. 승객은 승객용 도선으로 배 운임 비용 2Bs 버스는 별도 도선으로 이동해야 했다.

2시간 동안 코파카바나^{Copacabana} 투어 시간이 주어지질 않나! 짧지만 호수 건너까지 배 타고 이동하질 않나!! 참 재미있는 독특한 이동 경로였다. 차창 밖 풍경을 보는 것만으로도 여행이다. 파노라마처럼 스쳐 지나가는 사람들의 삶 의 모습과 주변 풍광들이 또 다른 여행의 즐거움을 준다.

오후 5시 10분. 볼리비아의 수도 라파스^{La Paz}에 도착했다. '평화'라는 이름 의 하늘 아래 첫 수도 '라파스'는 높이 6,402m 일리마니^{Illimani} 산마저 동네 산처 럼 가깝게 다가올 정도이다.

마침 버스를 장거리터미널이 아닌 에치세리아^{Hechiceria} 시장 근처에 정차하 기에 두 블록 떨어진 호텔 후엔테스^{Fuentes}를 찾아 들어가 숙박비 2박 310Bs, 내일 띠와나꾸^{Tiwanaku} 투어비 55Bs, 모레 짜칼타야^{Chacaltaya} 투어비 70Bs 및 우유니Uyuni행 여행자버스비 250Bs를 호텔 측에 일괄 지불하고는 산 프란시스꼬 광장으로 내려와 라파스의 혼잡함과 매연, 교통체증을 다시금 눈으로 확인했다.

장거리 이동에 따른 피로를 시원한 한 잔의 맥주와 볼리비아 전통 민속 쇼 관람으로 풀었다. 입장료는 US $15였다. 우아리Huari 뻬냐Pena 레스토랑에서 오후 8시부터 2시간여 동안 각종 연주와 민속춤이 이어졌는데 볼만한 공연이었다.

외뿔소처럼 혼자서 가라

라파스에서 71Km 떨어진 고원 위의 사라진 천년왕국 티와나쿠^{Tiwanaku} 고대유적 1일 투어를 시작했다. 투어비 55Bs는 입장료 80Bs이다. 이 유적은 2000년 유네스코 세계 문화유산으로 지정되었는데, 기원전부터 시작되어 북부 안데스지방 대부분에 영향을 미친 거대 제국으로 후대인 잉카 제국에 문화적으로 큰 영향을 주었다고 한다.

유적지에 들어가기 전 입구에는 2개의 박물관이 있었다. 깔라사사야에서 발굴한 높이 7.3m, 무게 20톤인 거대한 파챠마마^{Pachamama}, 고대의 어머니 신^神 석상은 매우 인상적이었다. 박물관 내부에서는 사진을 못 찍게 해서 유적들을 사진으로 남길 수는 없었다. 상당수의 석상이 영국과 미국의 박물관으로 옮겨졌고(?) 이곳에 남아있는 것은 단 2개뿐이었다. 이 고대 유적지는 깔라사사야 ^{Kalasasaya} 지역과 푸마푼쿠^{Pumapunku} 지역으로 조성되어 관리되고 있었는데, 거대한 하나의 바위를 깎아서 만든 태양의 문^{Puerta del Sol}과 반지하 신전이 특히 인상적이었다.

　　땅에서 2m 정도 내려간 직사각형의 벽면에는 사람과 동물의 모습이 섞인 약 200개의 얼굴 부조들아 장식되어 있었다. 깔라사사야 신전 위의 석상은 우리나라 제주도 돌하르방과 어쩌면 흡사해 보이기도 했는데, 이곳 유적지의 틈이 없는 정교한 돌 맞물림은 잉카 석조기술의 선조라는 사실을 극명하게 보여주고 있었다.

🖋 2014년 7월 9일(수) ｜제11일｜

　　차칼타야Chacaltaya 는 5,450m 높이의 산이다.

　　라파스 자체가 4천 미터 급 고지대에 있는데 차로 오를 수 있는 한계인 5,300m 산장까지는 승합차로 오르고, 나머지 높이 150m를 걸어 올라가는데 숨이 턱턱 막힌다. 생전에 5,450m 산을 오르리라고 누가 상상이나 했겠는가?

지난번 몬타나^{3,082m} 산행에 이어 전혀 뜻하지 않은 산행이다. 차칼타야 정상에서는 우아이나포토시^{Huaynapotosi:6,088m} 산도 지척이다.

저 멀리 볼리비아에서 두 번째로 높다고 하는 일리마니^{6,402m} 산도 보인다. 우연일까? 산 정상에서 바람을 맞으며 날개를 떨고 있는 새를 찍게 되다니!! 마추픽추에서도 지척에 있는 새를 찍었었는데, 이 새들은 바람처럼 떠도는 안데스의 외로운 영혼일까?

차칼타야 투어 후에는 달의 계곡 ^{Valle de la Luna: Moon Valley} 투어에 나섰다. 붉은 모래 지형이 빗물에 침식된 모습이 달의 표면을 닮았다고 해서 붙여진 이름이라고 하는데, 칠레 산 페드로 아타카마 사막에 있는 달의 계곡과 비교하자면 여기는 상당히 아기자기한 수준이었다.

사실 라파스 도시 자체가 계곡을 따라 형성된 곳이기에 이러한 침식 모래 지형이 달의 계곡에만 국한된 것이 아니라는 것을 금방 알게 된다.

저녁 8시. 콜택시^{15Bs} 편으로 우유니행 여행자 버스^{250Bs}를 타기 위해 승차장으로 이동. 밤 9시 40분에 출발한 버스에서는 기내식처럼 식사와 물 1병, 간식이 나왔고, 밤새 비포장도로를 달려 다음날, 아침 8시경 고도 3,675m 우유니^{Uyuni} 사막에 나를 내려주었는데 차량 내외부 온도 차이 때문에 차창은 얼어있었다.

아침 10시 30분부터 우유니 소금사막^{Salar de Uyuni} 1일 투어170Bs를 했다. 12,000㎢ 넓이의 사막 안에 20억 톤에 달하는 소금이 있다는 우유니 소금사막. 4월~10월 건기에는 눈을 멀게 할 정도로 하얀 소금밭이 끝없이 펼쳐진다. 우기에는 투명한 물빛에 거울처럼 반사되는 푸른 하늘과 하얀 구름을 볼 수 있다는 장점 때문에 연중 관광객들이 끊이지 않는 곳이다.

우유니 사막은 소금사막뿐만 아니라 다양한 색깔의 호수와 고원지형, 플라밍고^{Plamingo}와 비규냐^{Vicuna} 같은 동물들도 만날 수 있는데, 오늘은 소금사막과 일몰^{Sunset} 투어까지 진행된다.

젊은이들답게 운전기사 겸 가이드가 연출하는 포즈를 잘 취한다. 그만큼 원하는 다양한 재미있는 사진이 나오니 역시 경험은 대단한 것이다. 꼴차니^{Colchani} 마을과 물고기 섬_{물고기 모양으로 생겨서 이런 이름이 붙었다는데 어떤 물고기를 닮았는지는 모르겠다} 등을 둘러보고 물이 찰랑거리는 Sunset point에서는 미리 준비한

장화를 신고 다양한 포즈와 시시각각 변하는 황홀한 일몰 광경을 카메라에
담았다.

• 우유니 소금사막 – 입장료 30Bs

　오늘의 숙소는 한화 9천 원짜리60Bs. 공동욕실 사용하면 6천 원짜리까지 내
려갈 수 있었는데 1박 9천 원짜리를 선택. 온수가 나오기는 하지만 샤워할 정
도까지는 아니다. 물이 차서 도저히 샤워할 수 없어 머리만 감았다. '싼 게 비
지떡'이란 말이 맞나 보다. 당연히 난방도 안 되어서 침낭 속에서 오직 체온만

으로 밤새 해발 3,700m급 추위를 견뎌냈다.

 2014년 7월 11일(금) | 제13일 |

소금사막은 물론 산과 호수가 어우러진 볼리비아 고원을 일주하여 칠레로
넘어가는 우유니 사막 2박 3일 투어700Bs를 시작했다. 어제 하루 투어와 상당
부분 일정이 겹치지만 주어진 시간에 미처 보지 못한 것을 보거나, 다른 것을
볼 수 있다는 장점은 있었다.

꼴차니 마을을 지나 소금호텔, 물고기 섬을 거치는 동안 투어기사 겸 가이드인 이 친구는 시종일관 스페인어만 한다. 영어를 못하는 것이다. 투어 일행 중 브라질에서 영어 선생을 하는 아가씨 타이스Thais가 내 통역을 자청한다. 나만 빼고 일행 5명이 모두 스페인어에 능통하니 달리 남 탓할 수도 없는 입장이다. 숙소라고 산후안San Juan 허름한 집에 도착하고 보니 침실에 달랑 침대 하나씩뿐인데, 바닥도 소금, 벽면도 소금, 침대까지모두 소금으로 만들어진 집이다. 통역해 준 타이스가 한국을 좋아하고, 소주도 좋아한다기에 배낭 속 깊이 모셔둔 비장의 무기, 참이슬 두 페트병을 가지고 오니 저녁 식사 시 나온 닭고기와함께 또 다른 화기애애한 분위기가 조성되었다.

룸메이트인 포르투갈인 로제리오는 스위스항공 포르투갈 지사에 근무하는 항공기 정비사36세/신트라 거주이었고, 그의 친구 둘스Dulce는 포르투갈어 교사였다. 브라질에서 온 아가씨는 타이스26세 외에 세실리아Cecilia도 있었고, 독일 아가씨 수잔나Susanne/19세는 스페인어/영어에 능통하고 의과대학교 진학 예정이었다.

소주가 한 잔씩 살짝 들어가자 분위기가 쉽게 달아오른다. 잠자는 것 외에 달리 할 일이 없는 사막의 외진 마을에서 밤 9시가 넘어도 이야기꽃이 질 줄 모른다. K-pop, 음식, 여행 등 다양한 주제로 서로 간 관심사와 궁금한 것을 말하다 보

니 마치 오래된 친구처럼 편해지기 시작했다. 6명이
함께하는 우유니 투어 첫날밤은 이렇게 지나가고 있
었다.

 2014년 7월 12일(토) | 제14일 |

우유니 사막 투어 이틀째. 볼리비아의 자연 그대
로를 만나는 날이다. 만년설로 뒤덮인 산과 다양한
색감의 호수들, 풍화작용으로 깎여 나간 기묘한 바
위들 등. 산후안을 출발, 올라웨^{Ollague} 화산을 계
속 바라보면서 황량한 고원을 지나 라구나 카나파
^{laguna Canapa}에 도착하니 플라밍고^{Flamingo} 떼가 장
관을 이룬다.

여기선 여우도 산갈매기도 자연스런 포즈를 취해
주는데, 호수 이곳저곳을 다니며 아름다운 자연경
관을 사진으로 남겼다. 에디온다^{Hedionda} 호수를 거

처, 까르꼬따^{Charcota} 호수를 지나고 오늘의 종착지 꼴로라다 호수^{Laguna Colorada}에 도착, 게스트하우스에서 우리 팀^{6명} 전원이 한 방에 투숙. 내일 새벽 간헐천 투어에 나서야 하므로 모두들 일찍 잠자리에 들었다.

🖋 2014년 7월 13일(일) | 제15일 |

새벽 5시 기상. 마나나 간헐천^{Manana Geyser} 탐방에 나섰는데, 간헐천 증기는 기온이 낮은 아침 일찍 잘 볼 수 있기에 서두르는 것이 이해되었다.

칠레 국경 근처는 화산지역으로 대지의 온도로 데워지는 온천과 간헐천을 만날 수 있다. 우리 일행이 노천온천 Aguas Termales에 도착하자마자 기사 겸 가이드가 나에게 칠레로 넘어가기 위해서는 다른 차로 갈아타야 한다며 노천 온천욕 기회도 주지 않고 바로 출발하란다. 짧았지만 정들었던 팀원들과 작별을 고하고, 볼리비아 출국 수속을 마

치니 아침 9시. 10시 30분에 출발하는 칠레Chile 산 페드로 데 아타카마San Pe-dro de Atacama행 투어버스를 타고 국경을 넘어오자마자 칠레 쪽은 모두 포장도로이다.

30여 분을 차로 달려 아타카마 입구에 오니 칠레 출입국사무소가 있었다. 볼리비아에서는 수도 라파스에서 최고 관광지 우유니까지 철저하게 비포장이었음에 반해 칠레는 사막 한가운데 도로도 모두 포장도로였고, 차량들도 깨끗하고 새 차가 대부분이었다.

칠레에서 가장 오래된 마을이라는 해발 2,440m인 아타카마는 여행자들의 마을이며 사막의 오아시스였다. 오후 3시부터 시작되는 달의 계곡Valle de la Luna 투어를 신청하고 Sonchek Hostel에서 싱글/공동욕실이용 1박$12,000 Check-In. 칠레 페소의 가치는 한국 돈 약 두 배로 보면 되는데, 칠레 물가는 비싼 편이었다. 우유니 사막 투어에서 미처 씻지도 못한 것을 뜨거운 물로 샤워하고 나니 이제야 비로소 사람다운 모습으로 돌아온다. 이 숙소는 태양열 이용으로 09:00 - 21:00까지 온수를 쓸 수 있었고, 전기도 낮 동안은 들어오지 않았다.

달의 계곡 투어는 붉은 흙으로 이루어진 산과 계곡들뿐만 아니라 천연소금과 흙으로 이루어진 광활한 계곡 등 볼거리가 다양하다. 사구와 사암 절벽 사이 좁은 길을 걷다 보면 마치 다른 별 위를 걷는 듯한 착각 때문에 '달의 계곡'이란 명칭이 붙은 것 같다. 일몰을 보여주겠다며 달의 계곡에서 빠져나와

Sunset Point에 도착하니 오후 5시 50분. 하지만 유감스럽게도 달의 계곡으로 잔영이 비춰야 장관을 연출할 것 같았으나 반대편 산 쪽으로 긴 그림자를 드리우는 바람에 기대와는 달리 싱거운 일몰 구경이 되고 말았다. 아마 지금이 겨울이라 타이밍이 맞지 않은 것 같다.

- 국립공원 – 입장료 150Bs
- 한국과의 시차는 13시간, US \$1=552Peso$
- 달의 계곡 투어 – \$10,000+입장료 \$2,000

 2014년 7월 14일(월) | 제16일 |

아침 8시. 무지개 계곡 Valle del Arcoiris: Rainbow Valley 1박 2일 투어에 나섰다.

5인승 SUV 차량에 칠레 빨빠라이소 출신 아가씨 1명과 산티아고 출신 아줌마 2명과 함께 했는데, 어제 영어 가이드 없는 투어 조건으로 \$5,000 할인을 받았지만 달리 Dali/ 25세/ 생명공학기술자라는 아가씨가 영어 통역을 맡아준다.

먼저 리오 그란데 Rio Grande를 둘러보았는데 작은 그랜드 캐니언 같았다. 일행들과 같이 이곳저곳 사진을 찍었는데, 오래된 교회가 매우 인상적이었다. 무지개 계곡은 왜 그 이름이 붙여졌는지 금방 알만큼 여러 색깔의 바위들로 장관을 이루고 있었다.

외뿔소처럼 혼자서 가라

　3,500년 전에 여러 동물의 암각화를 새긴 고대 유적지를 둘러보고는 아타카마로 되돌아왔다. 식사를 싸게 잘하는 식당이 있다는 기사 겸 가이드의 말에 따라 점심을 아줌마들과 같이 하게 되었는데 바로 내가 묵는 호스텔 옆 식당 Las Delicias de Carmen이었다. 소고기에 감자, 옥수수, 호박 등을 곁들인 탕$6,200에 맥주 1잔을 마시니 모처럼 식사다운 식사를 한 셈이다. 숙소로 돌아와 짐을 찾고, Hot-shower를 하니 몸이 개운하다.

　오후 4시 30분 산티아고Santiago행 버스 출발까지 시간이 많이 남아 호스텔 정원에서 한가롭게 새소리를 들으며 나른한 사막의 오후를 즐겼다.

• 무지개 계곡Valle del Arcoiris: Rainbow Valley 1박 2일 투어: 투어 비용 $20,000/ 입장료 $2,000

외뿔소처럼 혼자서 가라

221

남미 5개국

전날 오후 4시 30분 아타카마를 출발한 버스가 깔라마^{Calama} 까지 오는 동안은 전부 황량한 사막이었다. 늦은 저녁 간단한 차내식이 제공되었고, 아침에도 주스와 스낵이 나왔다. 까마^{침대} 버스는 우리나라 우등 고속버스와 비슷한데, Cama/Semicama/Ejectivo 등 버스 등급은 시설에 따라 요금이 차등 책정되는 것이었다.

무려 23시간 20분이나 소요되어 오후 3시 50분 산티아고에 도착했다. 순례자들이 '산티아고 가는 길'을 찾아 떠나는 것과는 다르게, 배낭여행자인 내게 있어서 '산티아고 가는 길'은 멀고도 지루한 여정이었다. 산티아고 센트로^{Centro} 인 칠레대학교 근처에 숙소를 정하고^{1박 US $29×3} 아르헨티나 부에노스 아이레스행 비행기 예약도 US $290에 마무리 지었다.

원래 항공권 가격은 US $243이지만, 아르헨티나인 ID가 있어야 편도 발권이 가능하다는 말에 수수료 외에 ID확보 커미션까지 더해 US $290를 지불했다. 금요일7월 18일 오전 7시 15분 출발 편이라 공항까지 승합 쉐어서비스$6,200/새벽 03:45 전후 15분/숙소 Pick-up도 예약을 마쳤다. 공항까지 택시를 이용하면 $18,000 정도 들기에 1/3 가격에 서비스를 신청했다.

2014년 7월 16일(수) | 제18일 |

아침 일찍부터 산티아고 중심부인 모네다 궁전, 대성당, 아르마스 광장, 중앙 시장 등을 휘-둘러보고는 와이너리 투어Vineyards Tour에 나섰다.

산티아고 남부 Pirque 지역에 있는 꼰차 이 또로 와이너리Vina Concha y Toro는

센트로에서 메트로Metro로 약 40분 소요되었고, 4호선 Las Mercedes역에서는 Metrobus 978번을 이용$600하여 얼마 지나지 않아 와이너리Winery 입구에 도착했다. 미리 예약을 하지 않았기에 오후 1시 영어투어에 참여했다. 입장료는 $9,000. 1시간 동안 진행되는 이 투어의 핵심은 악마의 저장고Casillero del Diablo에 들어가는 것인데, 지하로 내려가자마자 느껴지는 냉기는 분위기를 으스스하게 만든다. 자연적으로 80%의 습도와 13℃ 온도를 유지한다고 하니 와인 저장에 최적의 장소이다. 투어가 진행되는 동안 3종류 와인을 시음하였는데 마시고 난 뒤, 와인 잔은 기념으로 들고 갈 수 있었다. 나는 와인숍wine-shop에서 까시예로 델 디아블로Casillero del Diablo 까베르네 쇼비뇽Cabernet Sauvignon 1병$3,790을 샀다.

여행기념으로 와인 잔과 와인 1병을 가져오고 싶었으나 앞으로 남은 일정과 유리잔 보관의 어려움 때문에 숙소에서 이틀 동안 혼자 홀짝홀짝 마시며, '저렴한 가격에 최고의 와인 품질'을 즐겼다.

산티아고는 메트로가 잘 되어 있어 시내 이동에 상당히 편리했는데, 메트로 요금이 사용구간이 아니라 사용시간대에 따라 달라지는 것이 특이하였다.

- Metro $690: 07:00~08:59, 18:00~19:59
  $580: 06:00~06:29, 20:45~23:00
  나머지 시간대: $630

역시 출퇴근시간대 요금이 $690으로 가장 비쌌다. 사과 1kg^{6개}에 $350^{우리}
돈 700원이 안 된다에 샀는데, 농산물 물가는 비싸지 않은 것 같았다. 칠레에 오래
머물지 못해 자세한 물가는 잘 모르겠지만……

2014년 7월 17일(목) | 제19일 |

산티아고에서 북서쪽으로 120Km 떨어진 곳에 2003년 유네스코 세계유산으
로 등록된 칠레 제1의 항구도시 발빠라이소^{Valparaiso}, 다른 말로 '천국과 같은
계곡'이 있다.
    파스텔 톤 향수가 어린 추억의 옛 항구에 둘러싸인 언덕 위에는 색색의 페
인트칠을 한 집들이 빽빽하게 들어서 있는 곳이다.

아침 11시 45분. 산티아고에서 1시간 45분 소요 Condor Bus $2,600 되어 발빠라이소에 도착했다. 버스터미널에서 40분 정도 걸어 쁘랏Prat 부두로 오니 오후 1시에 출발하는 유람선$3,000이 있어 우선 해상에서 발빠라이소를 돌아보았다. 소또마요르 광장과 쁘랏 거리를 지나 아센소르 꼰셉시온 Acensor Concepcion 으로 왔다.

발빠라이소의 대표 명물인 아센소르는 만들어진 지 100년도 더 된 경사형 엘리베이터이다. 특히 꼰셉시온 언덕으로 올라가는 아센소르는 나무로 되어 삐걱거리지만, 지금까지도 멀쩡히 운행편도 $300 되고 있었다. 꼰셉시온 언덕의 집들은 예쁘게 칠해져 있는 데다 잘 꾸며져 있어 관광객들의 시선을 끌기 충분했다.

저녁 7시. Pullman Bus 편$3,000으로 산티아고로 되돌아와 KFC에서 식사 겸 술안주용으로 너겟$1,390을 사 와서 와인과 함께 했다.

🖋 2014년 7월 18일(금) | 제20일 |

밤새 뒤척이며 숙면을 취하지 못하다가 결국 오전 2시에 일어나 여정 정리를 하며 시간을 때우다 공항 합승픽업서비스가 숙소로 와서^{새벽 4시} 승차 후 여기 저기 호텔에서 5명을 다 태운 후에야 공항에 도착했다.

애당초 7시 35분 산티아고 출발이나 8시에 지연 출발한 LAN 439편은 오전 10시 부에노스 아이레스 국내선 공항인 아에로빠르께^{Aeroparque}에 도착했다. 아르헨티나와는 시차가 1시간 있어 현지 시간은 11시였다.

- US $1=8~12Argentina Peso[$]
- 1페소는 한화 100원 정도

Tienda Leon 회사가 운영하는 공항버스를 이용^{$45}, 레띠로^{Retiro}역 근처에 있는 전용 터미널에 도착. 오늘의 숙소 V&S Hostel을 찾아 들어가니 5인용 도미토리 1박에 US $19를 달란다. 환전을 부탁했더니 US $1=11.7$ 환전율을 제시

해 US $200=2,340페소$를 환전했다. 플로리다 거리의 수많은 암달러상에게 환율을 알아보니 대부분 US $1=12페소$에 거래가 이루어지고 있었다. 공식환율은 US $1=8페소로 계산하기에 여기선 정직하면 바보가 되는 셈이다. 장거리버스터미널에 들러 내일 오후 3시 30분 출발 푸에르토 이과수 행 까마 버스표$861를 구매한 후, 산 마르틴San Martin 광장을 지나 플로리다 거리를 쪽~ 걸으며 부에노스 아이레스 중심가를 돌아다녔다.

점심 겸 저녁으로 아르헨티나 소고기$80를 맛보았으나 우리나라 젖소 육질 같은 질감에 질겨서 제대로 먹을 수 없었다. 맥주는 1L짜리$40 Quilmes cerveza를 사서 맥주로 배만 채운 셈이다.

제법 유명한 고깃집인 것 같았는데! 플로리다 거리에 웬 환전상이 그렇게 많은지! 깜비오환전!! 깜비오환전!!!

230

외뿔소처럼 혼자서 가라

231

숙소에서 걸어서 플로리다 거리를 지나 5월 광장, 대성당내부촬영, 대통령궁Casa Rosada 등을 다시 돌아보고 메트로 Subte E선으로 San Jose$5에 내려 걸어서 Constitucion역까지 간 다음 그곳에서 택시$37로 라 보까La Boca[땅고Tango를 잉태한 원색의 아르헨티나 최초의 항구] 까미니또caminito 거리까지 왔다. 이 거리에는 여행객을 반기는 아르헨티나 3대 유명인사의 인형이 있는데 바로 까를로스 가르델Carlos Gardel: 땅고 황제, 에비타Maria Eva Duarte de Peron, 그리고 마라도나축구인 이었다.

29번 버스$6.5 편으로 5월 광장에 내려 Sunte D선 Pueyrredon역에 내려 레꼴레타Recoleta 묘지를 물어물어 찾아갔다. 대부분의 관광객이 이곳을 찾는 이유는 에비따Maria Eva Duarte de Peron의 무덤을 찾기 위해서이다.

에비따는 묘지안내번호 88번, 묘지 왼쪽 가운데쯤 있었다. 가난한 이들의 편에 서고자 했던 그녀가 가장 부유한 자들의 묘지 터에 안치되어 있다는 것은 아이러니irony가 아닐 수 없다. 숩테 편으로 숙소로 돌아와 배낭을 찾아 장거리 버스터미널로 향했다. 오후 3시 30분. 뿌에르또 이과수Puerto Iguazu행 까마버스에 승차했다. 18시간 정도 걸리는 긴 여정이지만 이미 칠레에서 24시간 가까이 이동한 경험이 있으니 이 정도는 별것 아니다.

저녁 8시에는 위스키도 한 잔 돌리고, 기내식보다 훌륭한 식사가 제공된 후 입가심으로 샴페인까지 1잔 준다. 비디오에는 최신 영화가 계속 나오고, 예쁜 승무원 아가씨가 수시로 들락거리며 사탕부터 과자까지 정말 소문대로 장거리 버스 서비스는 끝내준다.

🖋 2014년 7월 20일(일) ㅣ제22일ㅣ

아침 10시 15분. 18시간 45분 걸려 뿌에르또 이과수에 도착했다.

버스터미널내 여행사에서 내일 리우데자네이루행 비행기15:05 출발 예약부터 서둘렀는데 편도요금이 무려 1107R$[헤알]=US$550=한화 567,000원이나 된다. 물가가 아무리 비싸다 하더라도 이건 너무 심한 것 같다. 물론 여유를 가지고 미리 예매하면 장거리버스비 정도 가격에 항공권을 살 수도 있다고는 하지만 일정이 불투명한 내 입장에서 그럴 수는 없는 노릇이고!!

하여튼 남아있는 페소 $900=180R$를 주고 나머지 927R$=US $463은 US달러로 $503 지불하니 잔돈 $40는 브라질 헤알Real/80R$로 바꿔준다.

뿌에르또 이과수 폭포Cataratas행 버스왕복 $80를 타고 30분 정도 소요되었다.

국립공원에 도착입장료 $215, 높은 산책로와 낮은 산책로를 돌며 웅장한 폭포 모습을 사진으로 남겼다. 이과수 폭포의 하이라이트 '악마의 목구멍Garganta del Diablo'은 과거에 일어난 홍수로 철제 다리가 무너져 폐쇄closed되어 있었다.

아르헨티나 폭포와 브라질 폭포를 한눈에 볼 수 있는 거기를 보러 한국에서 그 먼 길을 달려왔는데 볼 수 없다니 아쉬웠다. 하지만 지난 월드컵 동안 워낙 이과수 폭포 특집을 많이 해서 미리 영상으로 그 생생한 모습을 볼 수 있었기에 낙담할 정도는 아니었다.

오후 4시 20분. 브라질 포스 두 이과수Foz do Iguacu 행 버스4R$를 타고 아르헨티나와 브라질 출입국사무소에서 출국/입국 수속을 마치고 다음 버스 편으로 브라질 이과수 시내터미널로 들어오니 뉘엿뉘엿 해가 지고 있었다. 버스터미널 근처 허름한 호스텔Catharina을 찾아 들어가니 도미토리 6인실

1박에 30R$한화 약 15,000원. 그런데 이건 너무 심하다!

출입문 손잡이가 떨어져 나가 문이 잠기지 않고, 침대는 부서져 삐걱거리고 그나마 상태 나은 침대에서 알아서 자란다. 취사할 부엌도 없고, 단지 침대만 제공한다. 숙소에는 온수도 제대로 나오지 않았다. 그냥 억지로 하룻밤 때우라는 건지? 브라질 물가가 이렇게 비싼가? 브라질로 넘어오자마자 비행기 값

에 놀라고, 호스텔의 무성의와 불친절에 당혹해 하고…… 하긴 다음날 국립공원 배낭보관소에서 또 한 번 놀라게 되는데, 배낭 보관비가 20헤알$^{R\$}$ 한화 1만 원!!!

🌿 2014년 7월 21일(월) | 제23일 |

남미를 여행하며, 일부 국가에서는 버스터미널 이용료가 있었다. 여기서도 시내버스터미널 이용료 3헤알$^{R\$}$ 정도 한국 돈으로 1,500원을 요구한다. 공항까지는 30분이 소요되고, 이과수 국립공원 입구까지는 10여 분이 더 소요되었다. 09:20 공원에 도착.

짐 보관소에 배낭 1개를 맡기는데 무려 20헤알. 하지만 숙소에 배낭을 맡기고 다시 그것을 찾으러 시내를 왕복하는 시간과 경비를 생각하면 경제성 측면에서는 수긍할 만한 수준이다. 브라질 쪽 17만ha, 아르헨티나 쪽 22만ha에 달하는 이과수 국립공원은 1986년 유네스코 세계자연유산으로 지정되었다.

・이과수 국립공원 – 입장료 49.2헤알$^{R\$}$

공원 내 전용 셔틀버스를 이용, 이과수 폭포 산책로에서부터 폭포 투어가 시작되는데 숲 하나를 지날 때마다 새로운 폭포의 모습이 드러나고, 전망포인트에서는 관광객의 본격적인 사진 찍기가 시작된다.

긴 주둥이와 탐스러운 꼬리를 가진, 너구리처럼 생긴 꾸아띠^{Quati}는 사람들이 주는 음식물에 길들여져, 먹을 것을 찾아 사람들 주위를 맴돌고 있었다. 심지어는 뺏어 먹기도 한다. 자연에서 스스로 먹이활동을 해야 하건만, 자생력을 완전히 상실하고 있었다.

폭포를 감상하며 천천히 걷다 보니 산책로 마지막 부분인 전망대와 폭포 위 철제 다리가 나타난다. 전망대 위로 올라가니 지금껏 본 폭포의 전체 모습을 조망할 수 있는 공간도 있어 이과수 폭포를 다시금 음미하였다.

푸드코트와 휴식공간이 있는 쪽에서 본 유유히 흐르는 강은 의외로 조용하다. 잠시 후 굉음을 내며 떨어지는 폭포의 모습이 전혀 상상되지 않을 정도로……

낮 12시 20분 국립공원 출발. 10분 만에 이과수 국내선 공항에 도착하여 Check-In. 오후 3시 5분 출발 JJ 3189편을 기다리며 공항 내부에서 휴식을 취했다. 기내에서는 음료수 서비스만 제공되었는데, 항공료가 US$550 짜리 이니 오렌지 주스 1잔 값이 567,000원인 셈이다. 너무 과장된 표현인가? 이날 내 평생 가장 단가가 비싼 음료를 마셨다.

2시간여 비행 끝에 히우 지 자네이루=리우데자네이루: Rio de Janeiro 공항에 도착, 이파네마Ipanema 해변 쪽으로 갈 공항버스 2018번13.5R$을 기다리는데 10~20분이면 온다는 버스가 1시간 가까이 지나서야 온다. 이파네마 해변까지는 90분씩이나 걸려 저녁 8시 넘어 도착했다. 대도시답게 퇴근 시간과 맞물려 러시아워 교통체증이 장난이 아

니다. 이파네마 호스텔 골목 내 숙소를 찾아 들어가며, 마침 길 가던 청년에게 주소를 물어보니 자기가 그 호스텔에 묵고 있다며 같이 가잔다! 늦은 시간과 방향 감각도 제대로 없던 참인데 다행이었다!

덕분에 내가 원하던 호스텔Harmonia을 쉽게 찾아 들어와 이틀 숙박 Check-In.70R$×2 4인실 도미토리는 좁지만 그럭저럭 지낼만하다. 4주 동안 배낭에서 잠자던 햇반 1개를 꺼내 전자레인지에 데워 고추장에 비벼 먹으니 꿀맛이다. 배낭여행에서 고추장의 역할은 대단하다. 일본식 컵라면을 사다가 고추장만 넣으면 한국식 매운 라면 맛과 얼큰한 국물 맛이 나니……

🕊 2014년 7월 22일(화) ㅣ제24일ㅣ

아침 일찍부터 이파네마 해변으로 나가 리오 사람들의 아침을 지켜보았다.

시내버스 583번3R$을 타고 꼬르꼬바두Corcovado 언덕행 등산열차역 입구에 내렸다. 케이블식 등산열차50R$로 30분 정도 천천히 올라가면 690m 높이의 꼬르꼬바두 언덕 위에 약 38m나 되는 예수상이 십자가 형태로 팔을 벌리고 도시 전체를 내려다보듯 서 있다. 1931년 만들어진 이후 보수공사를 거쳐 지금의 모습으로 리우데자네이루를 대표하는 얼굴이 된 것이다.

센트로와 빵 지 아수까르, 해변, 호수 등 세계 3대 미항, 매력적인 리오Rio의 전경이 쫘악 눈 앞에 펼쳐진다.

시내버스 584번^{3R$}으로 코파카바나^{Copacabana} 해변으로 나와 아침 겸 점심 식사와 생맥주 1잔^{35R$}으로 원기를 회복하고, 511번 시내버스 편으로 빵지 아수카르^{Pao de Acucar=Sugar Loaf/정상 396m}로 향했다. 바다 위에 솟아오른 커다란 1개의 바위산인 이곳에서 내려다보이는 해변의 모습은 참으로 아름답다. 아까 다녀온 꼬르꼬바두 언덕의 예수상도 한눈에 들어온다.

• 케이블카 - 왕복 탑승료 62R$

베르멜라^{Vermelha} 해변에서 나른한 오후를 즐기다가 숙소로 되돌아 왔다. 대형 슈퍼마켓에서 라면과 맥주 등을 사다가 저녁을 해결하고, 브라질에서의 마지막 밤을 보냈다.

외뿔소처럼 혼자서 가라

이파네마 해변에는 비치 사정에 맞게 특화된 배구/족구/테니스 시설들이 있었다. 종목별로 레슨자들이 눈에 많이 띄었는데, 라켓은 틀리지만 특히 테니스 비슷한 것은 처음 보는 독특한 것이었다.

리오 메트로^{3.5R$}는 1호선/2호선이 있는데, 교통 체증이 심한 시내 구간을 빠르게 이동할 수 있어 좋았다. 이파네마 숙소에서 가까운 General Osorio역을 출발, Cinelandia역에 내리니 시립 극장, 깐델라리아^{Candelaria} 교회, 11월 15일 광장, 빠수 임페리알 ^{Paco Imperial}, 찌라덴찌스^{Tiradentes} 기념관, 지금껏 보아 온 대성당과는 판이하게 다른 독특한 메트로 뽈리따나^{Catedral Metropolitana} 등이 주변 지역에 있었다.

숙소에서 배낭을 찾아 점심 겸 저녁으로 일본식 라면을 끓여 먹고는, 좀 이른 시간^{오후 3시 20분}이지만 공항행 버스^{2018번}를 탔다. 리오^{Rio}는 일방통행이 많은 곳임에도 공항까지 무려 2시간 40분이나 소요된 오후 6시 도착. 가이드북에는 공항에서 해변 지역까지 45분 정도라고 애매하게 표현되어 있었는데, 말 그대로 가이드북은 참고사항일 뿐 믿을 것이 못 된다.

이번에는 아메리칸 항공 탑승 시스템이 문제이다. 긴 줄을 서서 내 차례가 오기까지 무려 1시간 40분이나 소요^{18:30 − 20:10}되었는데, 몇 개 안 되는 수속 카운터에 미국행 전 승객이 대기하고 세월아~! 네월아~!! 꼼꼼하게 처리하는 것은 좋지만, 건당 처리 시간이 너무 많이 걸렸다. 한국식 '빨리빨리' 사고방식이면 기다리다 제풀에 지쳐버릴 그런 시스템이다. 밤 9시 35분 출발 시간까지 출국장에서 기다리나 체크인 카운터에서 기다리나 나는 문제 없지만, 출발 시간이 촉박한 사람들에게는 분명 문제가 되는 그런 시스템이었다.

외뿔소처럼 혼자서 가라

기내에서는 포도주 1잔에 숙면에 다소 도움이 되었다. 밤 9시 35분부터 익일 아침 6시 30분까지 11시간의 비행AA250이지만 비행 시간대 자체가 잠자는 시간대여서 모든 승객은 기내식 이후 불이 꺼지자 약속이나 한 듯 모두들 잠을 청했다.

 ## 2014년 7월 24일(목) | 제26일 |

아침 6시 30분 미국 댈러스Dallas 국제공항에 도착, 입국/출국/환승을 위한 절차를 밟고는 출국장에서 10시 55분 한국행AA281편 출발을 기다렸다.

 ## 2014년 7월 25일(금) | 제27일 |

브라질에서 댈러스까지 11시간 동안 내 쪽 통로 서비스를 담당한 승무원은 60대 할머니였다. 댈러스에서 인천까지 거의 15시간 동안 내 쪽 서비스를 담당한 사람은 60대 할아버지였다. 문제는 이 분이 수전증이 있다는 것이다. 승객들에게 물이나 음료수 등을 전달할 때 손이 심하게 떨리고 있어, 보는 것만으로도 불안했다. 40대 한국인 여승무원은 파마머리를 산발하고 돌아다니고 있었다. 과연 우리나라 같으면 이런 분들을 승무원으로 채용할까?

인천/미국 댈러스/페루 리마_IN, 브라질 리오/미국 댈러스/인천_OUT 직항 항공 총 운임유류할증료 포함 1,732,400원에 이런 분들의 서비스가 포함되어 있기에 단지 직항에 값이 싸다는 이유만으로 아메리칸 항공을 이용한 것이지 제값 주고는 다시는 이런 서비스를 받고 싶지 않을 것이다.

인천국제공항에 도착하니 내 아들 성정이가 마중 나와 있었다. 해외 배낭여행 14년 동안 이런 호사를 누리기는 처음이다. 군대 제대하자마자 아빠가 해외여행 떠나 버렸으니 한참만의 부자상봉이다. 김치 삼겹살에 소주잔을 기울이며 서로 무사 귀국과 제대를 자축했다.

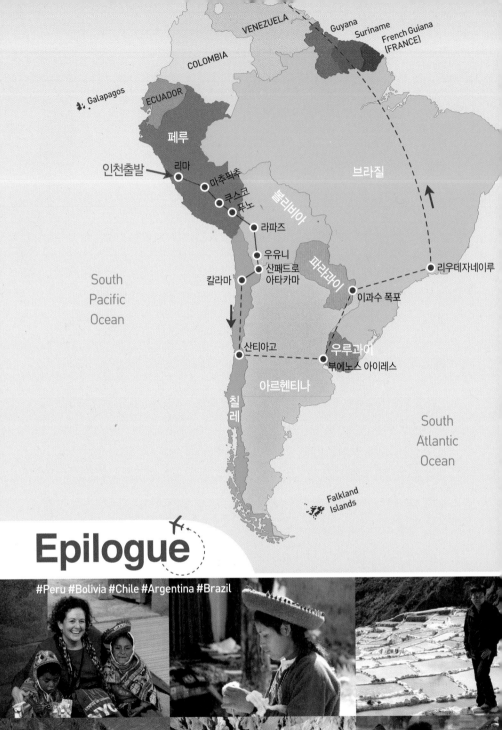

VENEZUELA
Guyana
Suriname
French Guiana
(FRANCE)

COLOMBIA

Galapagos

ECUADOR

페루

인천출발 → 리마
미추픽추
쿠스코
푸노
라파즈

브라질

볼리비아

우유니
산페드로
아타카마

파라과이

칼라마

리우데자네이루

South
Pacific
Ocean

이과수 폭포

산티아고

우루과이

부에노스 아이레스

아르헨티나

칠
레

South
Atlantic
Ocean

Falkland
Islands

Epilogue

#Peru #Bolivia #Chile #Argentina #Brazil

짐승을 쫓는 사람은 산을 보지 못한다. 욕심이 다른 데 있으면 앞을 내다보는 밝음이 있을 수 없다. 지나친 허욕은 사람을 못 쓰게 하는 법이다. 욕심만 부리는 사람에게는 만족이 없지만 스스로 만족할 줄 아는 사람에게는 약간의 부족함도 기쁨인 것이다. '안분지족安分知足: 제 분수를 지키며 만족함'의 도道를 지키며 살기란 쉽지 않다. 행복은 어떻게 보면 헌 옷과 같다. 새 옷을 입으면 우선 기분이야 좋겠지만 뭔가 불편이 따른다. 하지만 헌 옷은 몸에 이미 편하게 맞을 뿐만 아니라 마음 역시 평온해지기에……

바람은 바람대로 강물은 강물대로, 우리 인간도 마찬가지. 삶의 가치는 오래 사는 데 있는 것이 아니라 참되게 사는 데 있다. 우리는 우리에게 주어진 길을 걷되, 참된 길을 걸을 수 있어야 한다. '바쁘다'는 한자 '망忙'은 '마음心'이 없어진亡' 현상을 나타내는 글자이다.

보통 사람들은 너무 지나치게 바빠서 다망多忙한 나머지 양심이 없어지는 양심부재良心不在, 마침에 중심을 잃어 인간이 자취를 감추고 사라져 버린 인간부재人間不在가 된다. 자신을 중심으로 해서 자신의 외부에 있는 것 – 객관적으로 존재하는 것에 대해서 아는 것을 지식知識: knowledge이라 하고, 자기자신 또는 자기 안에 내재하는 것 즉 주관적 사실을 배우는 것을 지혜智慧: wisdom라고 한다.

우리는 이 지혜를 중심으로 인간의 정신, 자신의 마음을 바르게 인식하는 길과 방법을 풀어나가야 할 것이다.

2014년 남미 5개국 배낭여행 (2014. 6. 29 ～ 7. 25)

페루 / 볼리비아 / 칠레 / 아르헨티나 / 브라질

일차	일자(요일)	지역	교통편	시간	주요일정	비고
제1일	6.29(일)	인천	AA280	16:50	인천(Incheon)공항 출발	한국
		달라스		16:05	달라스(Dallas) 공항 도착/환승	미국
			AA980	17:30	달라스(Dallas) 공항 출발	
제2일	6.30(월)	리마		00:25	리마(Lima) 공항 도착	페루(Peru) 시차-14시간 S1$=$/.2.8 1S/.1=370원 [솔(Sol)]
			택시		숙소(Continental Hotel)로 이동	
			도보	오전		
			택시	오후	미라플로레스(Miraflores) 투어	
제3일	7.1(화)	리마	국내선	9:45	꾸스꼬(Cusco)로 이동	
			LA2027	11:05	꾸스꼬 도착	
		꾸스꼬	택시	오후	볼리비아(Bolivia) 비자 발급	
			도보		센뜨로(Centro)/구시가지 투어	
제4일	7.2(수)	꾸스꼬	버스	오전	모라이(Moray) 투어	
				오후	살리네라스(Salineras) 투어	
제5일	7.3(목)	꾸스꼬	버스	전일	성스러운 계곡 투어 [삐삭(Pisaq)/오얀따이땀보]	
			기차	19:00	Ollantaytambo 역 출발	
				20:45	아구아스 깔리엔떼스 도착	
제6일	7.4(금)	마추삑추	버스	전일	마추 삑추(Machu Picchu) Tour	볼리비아 (Bolivia) 시차-13시간 US1$=BS.6.9 BS.1=150원 [볼리비아노]
			도보		몬타나[Montana/3082m] 산행	
			기차	15:20	뽀로이(Poroy)행 출발	
			택시	19:05	꾸스꼬(Cusco)로 이동/숙박	
제7일	7.5(토)	꾸스꼬	버스	8:00	뿌노(Puno)로 출발	
		뿌노	(까마)	15:00	뿌노 도착/시내투어	
제8일	7.6(일)	뿌노	유람선	전일	띠띠까까(Titicaca)호수 Tour [우로스(Uros)/따낄래(Taquile)]	
제9일	7.7(월)	뿌노	버스	7:00	뿌노-코빠까바나(Copacabana)-	
		라빠스		17:10	라빠스(Lapaz) 이동	
			도보	20:00	뻬냐 연주/민속공연 관람	
제10일	7.8(화)	라빠스	버스	전일	띠와나꾸(Tiwanaku)유적 Tour	
제11일	7.9(수)	라빠스	버스	전일	짜칼타야(Chacaltaya) 투어	
					달의 계곡(Valle de la Luna) 투어	
			버스	21:40	우유니(Uyuni)로 출발	
제12일	7.10(목)	우유니	SUV	8:00	우유니 도착	
				10:30	소금사막/Sunset 1Day 투어	

외뿔소처럼 혼자서 가라

일차	일자(요일)	지역	교통편	시간	주요일정	비고
제13일	7.11(금)	우유니	SUV	전일	우유니(Uyuni) 2박3일 투어 [꼴차니/물고기섬] [산후안(San Juan) 1일차]	칠레 (Chile) 시차-13시간 US1$=$552 [빼소(Peso)]
제14일	7.12(토)	우유니	SUV	전일	[까냐파/까르꼬따/꼴로라다 호수] [2일차]	
제15일	7.13(일)	우유니	SUV	5:00	[마냐나 간헐천(Geyser) 3일차]	
			버스	10:30	산 뻬드로 데 아따까마 이동	
		아따까마		11:00	아따까마(2440m) 도착	
				15:00	달의 계곡(Valle de la luna) Tour	
제16일	7.14(월)	아따까마	SUV	8:00	무지개 계곡 1/2Day 투어	아르헨티나 (Argentina) 시차-12시간 US1$=12$ 1$=85원 [빼소]
			버스 (까마)	16:30	산티아고 행 출발 산티아고(Santiago)로 이동	
제17일	7.15(화)	산티아고	버스	15:50	산티아고 도착	
				17:00	부에노스 아이레스 항공권 발권 센트로 투어	
제18일	7.16(수)	산티아고	버스	전일	와이너리(Winery) 투어	
			메뜨로		[Vina Concha Y Toro]	
제19일	7.17(목)	산티아고	버스	전일	발빠라이소(Valparaiso) 투어	
제20일	7.18(금)	산티아고	LA439	7:35	부에노스 아이레스로 이동	
				10:00	시내 투어	
제21일	7.19(토)	부에노스 아이레스	버스	오전	시내(Buenos Aires) Tour [라 보까(La Boca)/레꼴레타]	
			(까마)	15:30	뿌에르또 이구아수로 이동	
제22일	7.20(일)	이구아수		10:15	Puerto Iguazu 도착/폭포 투어	브라질 (Brasil) 시차-12시간 US1$=R$2.2 R$1=470원 [헤알(Real)]
			버스	16:20	포스 두 이구아수 이동	
제23일	7.21(월)	이구아수	버스	오전	Foz do Iguacu 폭포 투어	
			JJ3189	15:05	리오 데 자네이로 이동	
				17:10	Rio de Janeiro 도착/이빠네마 이동	
제24일	7.22(화)	리오 데 자네이로	버스	전일	시내 투어 [꼬르꼬바두/빵 지 아수까르]	
제25일	7.23(수)	리오 데 자네이로	메뜨로	전일	시내(Centro) 투어	
			AA250	21:35	리오 데 자네이로 공항 출발	
제26일	7.24(목)	달라스		06:25	달라스 공항 도착/대기/환승	미국
			AA281	10:55	달라스 공항 출발	
제27일	7.25(금)	인천		14:50	인천 공항 도착 집으로	한국

남미 5개국

모든 사람은 행복幸福을 추구한다. 그래서 고대 그리스 철학자 아리스토텔레스는 모든 인간의 공동목표인 행복설을 윤리의 시발점으로 제시하기도 했다. 아리스토텔레스Aristoteles 는 말했다.

"인간이 그 자체로 추구하는 것은 행복 한 가지밖에 없다. 다른 모든 것은 다 행복을 얻기 위한 수단에 불과하다."

행복 그 상태는 주관적일 수 있고 객관적으로 규정될 수도 있다지만 행복을 수치화, 정량화시키는 것은 사실은 불가능하다. 어떤 이는 행복지수happiness index를 내가 가진 것What I have/내가 바라는 것What I want이라고 하기도 한다. 여기에서 행복지수를 높이는 방법은 더 많이 가지려고 노력하는 것 또는 더 적게 바라는 것이다. 동양의 최빈국 미얀마나 히말라야 산속의 왕국 부탄, 호주 옆 작은 섬나라 바누아투, 아프리카 사람들의 행복도가 높게 나오는 것은 분모의 마법인 '더 적게 바라는 것' 때문이다.

클로버Clover의 꽃말은 '행복'이고 돌연변이인 네 잎 클로버의 꽃말은 '행운 Good Luck'이다. 행복이 지천에 널려 있는데, 행운을 쫓아다니는 어리석음을 우리는 범하지 말아야 한다.

"행복의 비결은 필요한 것을 얼마나 갖고 있는가가 아니라 불필요한 것에서 얼마나 자유로워져 있는가에 있다."   – 법정 스님

"행복은 생각이 적을수록, 함께 나눌수록, 지금 바로 이 순간에 마음이 와 있을수록 더해진다. 행복의 지름길은 나와 남을 비교하는 일을 멈출 것. 밖에서 찾으려 하지 말고 내 마음 안에서 찾을 것. 지금 이 순간 세상에서 아름다움을 찾아서 느낄 것."   – 혜민 스님

한국의 문화와 한국인의 삶 속에는 불교라는 큰 기둥이 있고 우리 문화와 한국인을 알기 위해서는 이 기둥인 불교를 이해해야 한다. 불교는 다양한 색채를 지니며, 어느 것에도 절대적 가치를 부여하지 않는다. 모든 것은 시대와 나라, 상황에 따라 변하고 다양한 모습으로 발전해 왔다. 중국에서 불교는 중국인이 받아들인 유일한 외래사상이고, 나아가 그들은 새롭게 발전시킨 선불교禪佛敎를 만들어 내었으며 선불교는 대승불교와 유교, 도교 사상이 융합되면서 중국의 종교 전통이 되기도 했다.

한국의 문화유적은 불교와 관련된 것이 매우 많다는 사실과 유물뿐만 아니라 한국인의 삶 속에 불교가 의식적이든 무의식적이든 생생히 녹아 깊이 침투되어 있다는 것 때문에도 불교에 대한 이해는 필수적이다. 불교는 부처님의 가르침이고, 부처님이 깨달은 진리에 대한 가르침이며, 스스로 그러한 길로 가는 가르침이다.

불교에 접근하는 길에는 믿음信과 이해解 두 가지 길이 있다. 바르게 믿고 이해하며, 이를 바탕으로 수행하였을 때 비로소 증득할 수 있다. 믿음이 종교적 신앙이라면, 이해는 인문학적 사유思惟라 할 것이다. 이 둘의 조화를 이룰 때信解相兼 비로소 바른 불교의 모습을 갖출 수 있다. 불교의 모든 가르침은 바른 이해와 믿음에서 시작되기 때문이다. 불교의 본질은 삶의 실상을 바로 통찰하고, 그 통찰을 바탕으로 행복한 삶을 어떻게 살아갈 수 있는가에 대한 해답이다.

"남에게 예속되는 것은 고통이요, 독자적으로 자신의 길을 가는 것은 즐거움이다."

― 우다나Udana: 自說經

　남에게 마음心이 예속되어 있다면 그것은 바로 노예의 삶이다. 우리의 마음은 얼마나 타인에게, 상대에게, 내 바깥의 것들에 많이 매여 있는가? 무엇이든 예속되는 것은 괴롭다. 나 홀로, 어디에도 휘둘릴 것 없고, 얽매임 없이 독자적으로 나 자신의 길을 걷는 것. 그것이 가장 큰 즐거움이다.

　누구처럼 살 것도 없고, 누구처럼 되고자 애쓸 것도 없이 다만 나 자신이 되어 나의 길을 걷는 것이 즐거움이다. 그런 나에게 삶은 언제나 완전한 순간이 될 것이며, 길을 걷는 매 순간이 곧 최종목적지에 도달한 순간이 될 것이다. 우리가 살고 있는 삶 자체는 여행길이다. 아침에 눈 뜨면 새로운 하루에 감사하며 내게 남은 세월을 살피고, 다가올 새로운 인연因緣들에 고마워해야 할 것이다.

生也一片浮雲起 死也一片浮雲滅
　생야일편부운기　　사야일편부운멸

浮雲自體本無實 生死去來亦如然
　부운자체본무실　　생사거래역여연

생이란 한 조각 뜬구름이 일어남이고
죽음이란 한 조각 뜬구름이 스러짐이라
뜬구름 자체가 본래 실체가 없는 것
나고 죽고 오고 감이 역시 그와 같다네
　　　　－ 서산대사西山大師 [법명法名: 휴정休靜]

부자란 많이 소유한 사람이 아니라 스스로 만족滿足하는 사람이다. 지금 이 순간 스스로 만족함으로써 참된 즐거움을 찾는 자이다. 최상의 때는 바로 지금이며, 최고의 장소는 바로 여기이다. 지금 여기에서 내가 보고 듣고 느끼고 생각하는 그것이야말로 내 삶의 최종목적지이다. 온전히 지금 이 순간을 살아야 한다.

이동근의 배낭여행 세계 일주

외뿔소처럼 혼자서 가라

초판 1쇄   2017년 06월 19일

지은이   이동근
발행인   김재홍
편집장   김옥경
디자인   이유정, 이슬기
교정·교열   김진섭
마케팅   이연실

발행처   도서출판 지식공감
등록번호   제396-2012-000018호
주소   경기도 고양시 일산동구 견달산로225번길 112
전화   02-3141-2700
팩스   02-322-3089
홈페이지   www.bookdaum.com

가격   15,000원
ISBN   979-11-5622-293-4 03980

CIP제어번호   CIP2017013096
이 도서의 국립중앙도서관 출판도서목록(CIP)은 서지정보유통지원시스템 홈페이지(http://seoji.nl.go.kr)
와 국가자료공동목록시스템(http://www.nl.go.kr/kolisnet)에서 이용하실 수 있습니다.